BIM 建模设计 Revit 教程

高大勇　郭泽林　张琳琳　主编

中国建筑工业出版社

图书在版编目(CIP)数据

BIM 建模设计 Revit 教程/高大勇,郭泽林,张琳琳主编. —北京:
中国建筑工业出版社,2018.5(2022.9重印)
ISBN 978-7-112-22132-5

Ⅰ.①B… Ⅱ.①高… ②郭… ③张… Ⅲ.①建筑设计-计算机辅
助设计-应用软件-教材 Ⅳ.①TU201.4

中国版本图书馆 CIP 数据核字(2018)第 082727 号

本书共九章,分别为 Revit 操作系统介绍;标高轴网;墙体;楼板、屋顶;楼梯、坡
道、拉杆;工作平面;族;体量的创建与编辑及学校食堂项目案例。适用于在校学生,建
筑行业专业技术人员,包括建筑师、工程师、造价师、房地产开发商、施工、监理、物
业、软件开发商以及 BIM 技术爱好者等。本书提供了大量实际操作指引及经验总结,有
助于读者快速上手,提高工作效率。

* * *

责任编辑:朱首明　李　明
助理编辑:葛又畅
责任校对:刘梦然

BIM 建模设计 Revit 教程

高大勇　郭泽林　张琳琳　主编

*

中国建筑工业出版社出版、发行(北京海淀三里河路 9 号)
各地新华书店、建筑书店经销
北京红光制版公司制版
北京建筑工业印刷厂印刷

*

开本:787×1092 毫米　1/16　印张:18¼　字数:454 千字
2018 年 8 月第一版　2022 年 9 月第五次印刷
定价:**52.00** 元
ISBN 978-7-112-22132-5
(31952)

版权所有　翻印必究
如有印装质量问题,可寄本社退换
(邮政编码 100037)

前　言

　　Revit 是 Autodesk 公司一套系列软件的名称，专为建筑信息模型（BIM）构建，可帮助建筑设计、施工及管理人员设计、建造并维护高质量、高能效的建筑。Revit 系列结合了 Autodesk Revit Architecture、Autodesk Revit MEP 和 Autodesk Revit Structure 软件的功能，支持所有阶段的设计和施工图纸，具有基于设计、源于设计、辅助设计的特点，而非单纯地实现三维视觉效果。

　　本书涵盖了从方案到施工图以及设计变更等整套软件的使用方法，操作步骤详尽且实用，按照零基础人员的知识学习规律编写，由浅入深，并且可按照目录着重进行巩固学习、逐步提高。书中各操作步骤均配有大量图片，易于理解和掌握。书中配有相关知识点的典型练习题，便于巩固知识，加强应用，并配有大量图片及习题加以讲解和深化联系。

　　本书分为 4 部分。第 1、2 章为第一部分，由高大勇编写，介绍并阐述了 Revit 系统与基础操作；第 3～5 章为第二部分，其中第 3 章由郭泽林编写，以具体工程项目的墙体为例，阐述具体使用 Revit 完成设计工作的方法；第 4 章由段铁民编写；以具体工程项目的楼板、屋顶为例，阐述具体使用 Revit 完成设计工作的方法；第 5 章由徐宏伟编写，具体演示楼板、屋顶、楼梯、坡道以及拉杆等项目在 Revit 中的工作方法；第 6～8 章为第三部分，其中第 6 章由陈德明编写，第 7 章由李晓嵩编写，介绍并阐述了工作平面及族的工作原理及使用；第 8 章为于顺达、张彬编写，从体量的创建及适用角度进行详细讲解和演示；第 9 章为第四部分，由张琳琳、张琨编写，结合项目案例实施建模操作，详细讲解项目设计的全过程，以便让初学者用最短的时间全面掌握 Revit 的操作方法。参加编写工作的人员还有商忠亮、王盈、徐丽娟、白晓东、齐晓燕、张成、刘冰玲、郑毅等。

　　随着建筑行业竞争的日益激烈，为进一步满足国际、国内行业标准化、工业化及地区性要求的顺利对接，需要培养出大量能够采用 BIM 技术来发挥专业人员的技能和丰富经验的建模设计人才。本书适用于在校学生，建筑行业专业技术人员，包括建筑师、工程师、造价师、房地产开发商、施工、监理、物业、软件开发商以及 BIM 技术爱好者参考学习。

目　录

目 录

1 Revit 操作系统介绍

1.1 Revit 启动界面

在"最近使用的文件"界面中可以单击相应的快捷图标打开新建项目或族文件，也可以查看相关帮助，快速掌握 Revit 的使用，如图 1.1-1 所示。

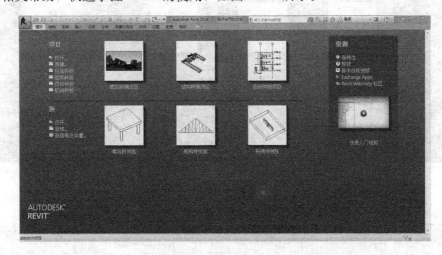

图 1.1-1 软件启动界面

若不希望显示"最近使用的文件"界面，可以按以下步骤来设置，如图 1.1-2 所示。

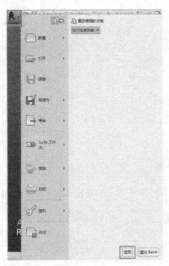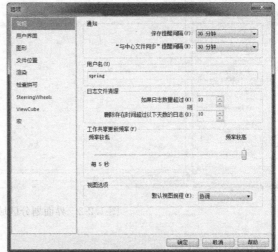

图 1.1-2 应用程序菜单栏

选项中还能设置"保存提醒时间间隔"、"选显卡"的显示和隐藏、文件保存位置等。

1.2 Revit 操作界面

在启动界面新建"机械样板",如图 1.2-1、图 1.2-2 所示。

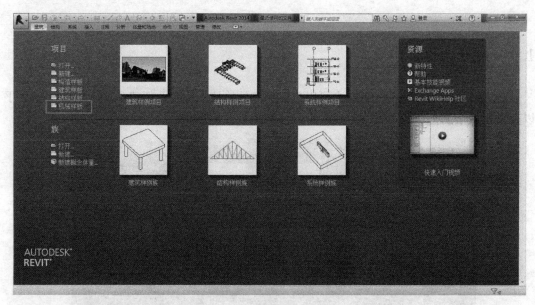

图 1.2-1 启动界面样板选择

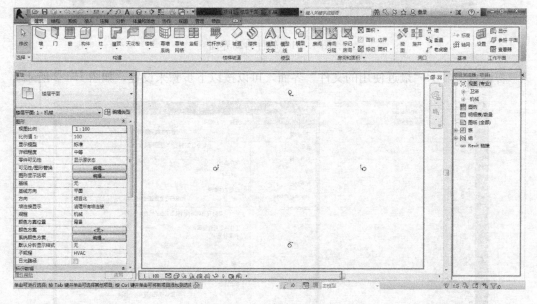

图 1.2-2 界面划分区域

(1) 应用程序按钮。

(2) 快速访问栏:可以添加经常使用的工具按钮。

（3）选项卡：建筑、结构、系统、插入、注释等，用户界面选项中可以进行隐藏。

（4）选项栏：构件、楼梯坡道模型等。

（5）工具。

（6）"属性"面板：用来显示项目中图元各类参数。

（7）项目浏览器：视图、图例、明细表、图纸、族分类等。

（8）视图控制栏：比例尺、详细程度、视觉样式、临时隐藏/隔离等。

（9）绘图区域。

1.3 Revit 常用工具

常用快捷命令，如图 1.3-1 所示。

图 1.3-1 常用工具命令

Revit 与 CAD 注释方式类似，如图 1.3-2 所示。

图 1.3-2 注释方式

Revit 中一大亮点，碰撞检查，如图 1.3-3、图 1.3-4 所示。

图 1.3-3 分析选项卡

Revit 外接软件，如图 1.3-5 所示。

图 1.3-4 碰撞检查

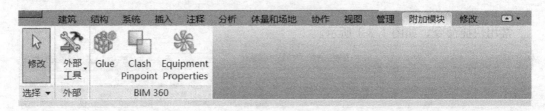

图 1.3-5 软件插件区

1.4 Revit 操作常见问题

（1）已经打开一张视图，当打开第二张时会覆盖前一张的界面，需要切换。

（2）打开的视图过多时，电脑会出现卡频现象，可以关闭隐藏对象，只显示当前视图。

（3）如想在编辑平面视图的同时，可以看到立面上的效果，可以采用"平铺"命令。如图 1.4-1 所示。

图 1.4-1 视图选项卡

（4）"修改"命令为经常使用命令，应该熟练掌握，如图 1.4-2 所示。

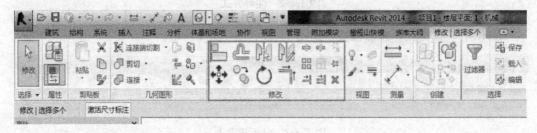

图 1.4-2 上下文选项卡

（5）属性面板中的独立图元属性与类型属性区别，如图 1.4-3 所示。

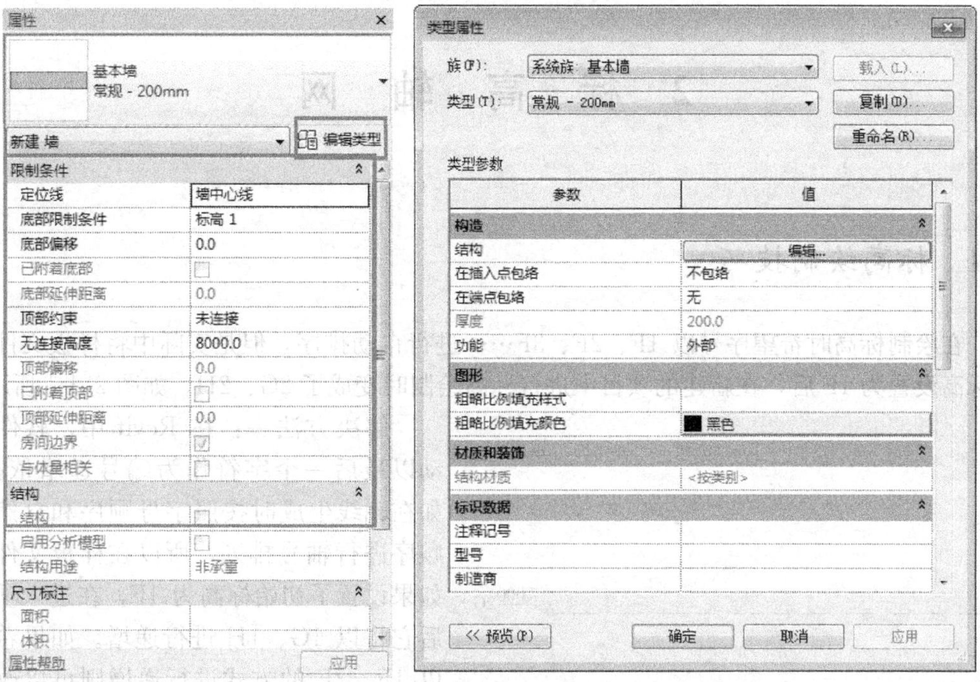

图 1.4-3 实例属性与类型属性

（6）项目浏览器为视图排布形式，如图 1.4-4 所示。

图 1.4-4 项目浏览器

5

2 标 高 轴 网

2.1 标高绘制技巧

在绘制标高时希望序号以 1F、2F、3F……进行自动排序，但是实际中将样板文件中的标高设置为 1F 后，在新建的项目中进行标高绘制时变成了 2G、2H。如图 2.1-1 所示。

解决方法一：在 Revit 中，软件自动以最后一个字符作为编号递增依据，如在轴线生成时按照字母顺序和自然数顺序进行轴号排列，所以在样板文件中如果设置了初始标高为 1F，在进入项目后它将以 1G、1H 进行递增。如果希望以 1F、2F 的方式进行递增则可以改变一种表达方式，将 1F 改为 F1 即可，那么我们在新建的项目中它将以 F2、F3、F4……的方式来进行递增，由此实现希望得到的效果。如图 2.1-2 所示。

图 2.1-1 标高（1）

解决方法二：在画施工图的时候经常是按照 1F、2F、3F 的顺序来表示的，为达到该效果，需要修改标头的族。首先在项目浏览器中找到需要修改的标头族，进入族编辑后选择名称，然后在修改标签选项卡下点击编辑标签，弹出的对话框后在后缀一栏中输入大写 F，然后载入到项目中。此时我们对标高进行复制或阵列，标高的名称将会按照

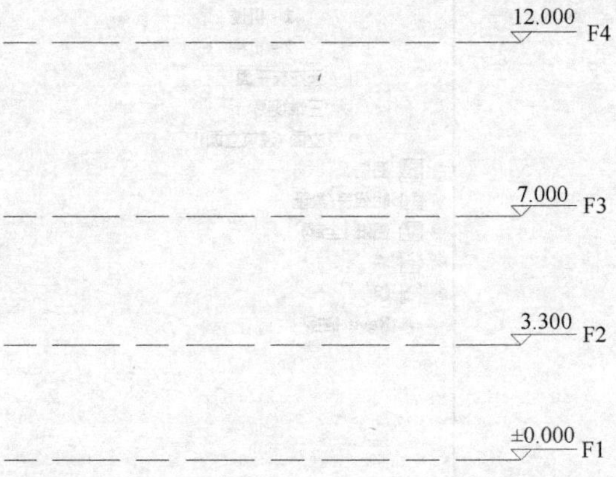

图 2.1-2 标高（2）

1F、2F、3F 的顺序依次复制或阵列。如图 2.1-3 所示。

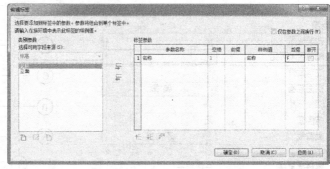

图 2.1-3　标头族的修改

2.2　轴网绘制技巧

在单击选中轴网时会在其标头附近出现 3D/2D 符号用来更改其影响范围属性，但是每次只能修改一根轴网或标高如图 2.2-1、图 2.2-2 所示。

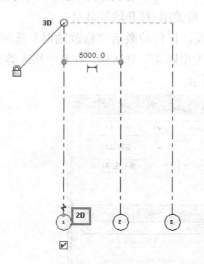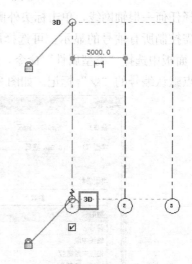

图 2.2-1　轴网 2D 模式　　　　　　　　图 2.2-2　轴网 3D 模式

绘制有轴网的平面图的实例属性中打开裁剪区域，拖动裁剪区域的边缘到轴线标头以内，即可将所有经裁剪框裁剪后的轴网的 3D 特性改为 2D。要将其再次变为 3D，只需再次拖动裁剪区域的边框到轴线标头以外即可。

　　提示：可以通过将轴网拖拽至裁剪区域以外来批量实现 3D 特性转换为 2D 特性，但是经过这样操作以后的轴网无法再通过裁剪区域边框的修改来批量将 2D 特性改回 3D 特性，因此在进行此类操作时尽量拖拽裁剪区域的边框线而不直接拖拽轴线标头。如图 2.2-3、图 2.2-4 所示。

7

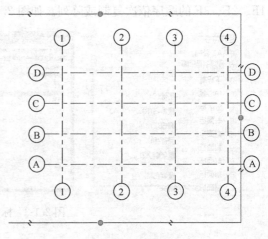

图 2.2-3 剪裁区域的设置

图 2.2-4 剪裁框

2.3 轴网类型属性

选择任何一根轴网线，单击标头外侧方框，可关闭/打开轴号显示。

如需控制所有轴号的显示，可选择所有轴线，将自动激活"修改轴网"选项卡。在"属性"面板中选择"类型属性"命令，弹出"类型属性"对话框，在其中修改类型属性，单击端点默认编号的"√"标记。如图 2.3-1 所示。

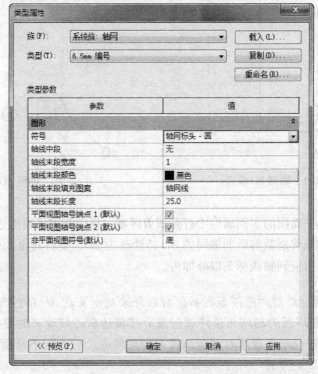

图 2.3-1 轴网的类型属性界面

　　除可控制"平面视图轴号端点"的显示外，在"非平面视图轴号"中还可以设置轴号的显示方式，控制除平面视图以外的其他视图，如立面、剖面等视图的轴号，其显示状态为顶部、底部、两者或无显示，如图 2.3-2 所示。

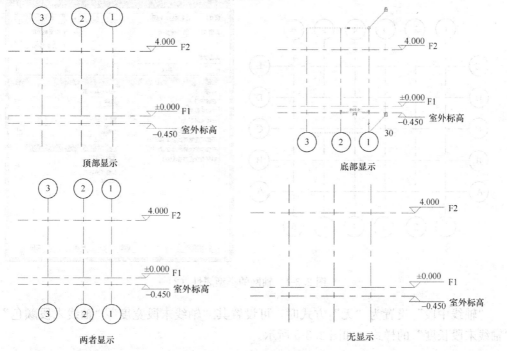

图 2.3-2　轴号的显示方式

　　在轴网的"类型属性"对话框中设置"轴线中段"的显示方式，分别有"连续"、"无"、"自定义"三项。如图 2.3-3 所示。

图 2.3-3　轴网的类型属性（1）

将"轴线中段"设置为"连续"方式,还可设置其"轴线末段宽度"、"轴线末段颜色"及"轴线末段填充图案"的样式,如图 2.3-4 所示。

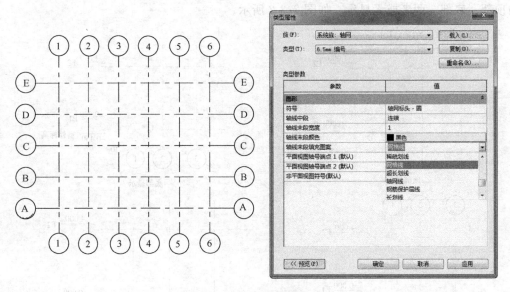

图 2.3-4　轴网的类型属性 (2)

"轴线中段"设置为"无"方式时,可设置其"轴线末段宽度""轴线末段颜色"及"轴线末段长度"的样式。如图 2.3-5 所示。

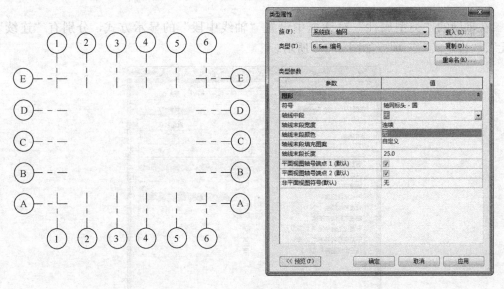

图 2.3-5　轴网的类型属性 (3)

"轴线中段"设置为"自定义"方式,可设置其"轴线中段宽度"、"轴线中段颜色"、"轴线中段填充图案"、"轴线末段宽度"、"轴线末段颜色"、"轴线末段填充图案"、"轴线末段长度"的样式。如图 2.3-6 所示。

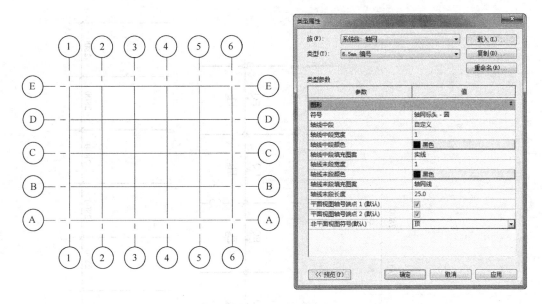

图 2.3-6　轴网的类型属性（4）

2.4　修改标准层标高

需要修改楼层标高时，可利用尺寸标注特有的均分功能快速实现。具体步骤如下：
（1）在立面图中锁定最底层标高并进行尺寸标注。如图 2.4-1 所示。
（2）修改最顶层标高的临时尺寸参数。如图 2.4-2 所示。

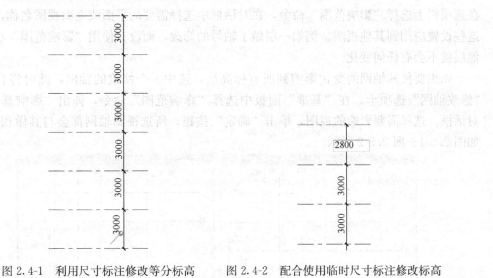

图 2.4-1　利用尺寸标注修改等分标高　　图 2.4-2　配合使用临时尺寸标注修改标高

（3）锁定修改后的数值。如图 2.4-3 所示。
（4）单击尺寸标注上的尺寸均分。如图 2.4-4、图 2.4-5 所示。

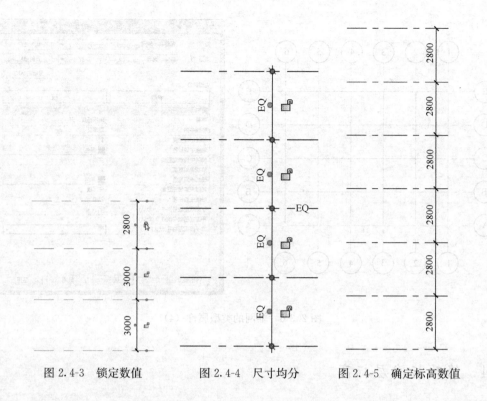

图 2.4-3　锁定数值　　　　图 2.4-4　尺寸均分　　　　图 2.4-5　确定标高数值

2.5　标高和轴网影响范围

在一个视图中完成轴线标头位置、轴号显示和轴号偏移等设置后，选择"轴线"，再在选项栏上选择"影响范围"命令，在对话框中选择需要的平面或立面视图名称，可以将这些设置应用到其他视图。例如一层做了轴号的修改，而没有使用"影响范围"功能，其他层就不会有任何变化。

如想要使其轴网的变化影响到所有标高层，选中一个修改的轴网，此时将自动激活"修改轴网"选项卡。在"基准"面板中选择"影响范围"命令，弹出"影响基准范围"对话框。选择需要影响的视图，单击"确定"按钮，所选视图轴网都会与其做相同调整。如图 2.5-1、图 2.5-2 所示。

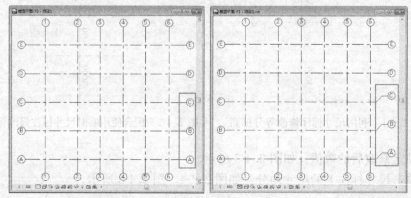

图 2.5-1　修改标头

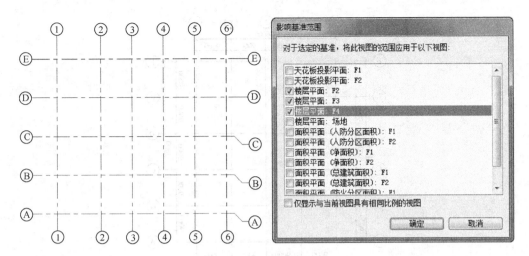

图 2.5-2 设置影响范围

练习：

1. 如图 2.5-3、图 2.5-4 所示，某建筑共 50 层，其中首层地面标高为±0.000，首层层高 6.0m，第二至第四层层高 4.8m，第五层及以上均层高 4.2m。请按照要求建立项目标高，并建立每个标高的楼层平面视图，并按照以下平面图中的轴网要求绘制项目轴网。

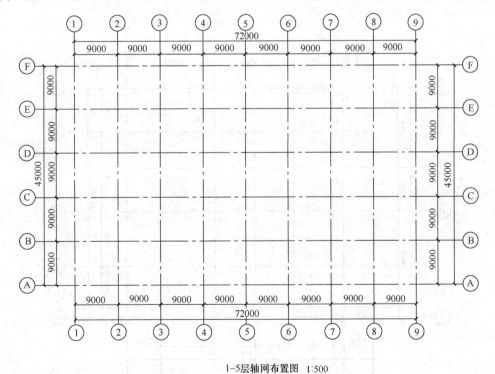

1—5层轴网布置图 1:500

图 2.5-3 练习1（1）

2. 根据图 2.5-5 给定的尺寸绘制标高轴网。某建筑共三层，首层地面标高为±0.000，层高为 3m，要求两侧标头都显示，将轴网颜色设置为红色并进行尺寸标注。

13

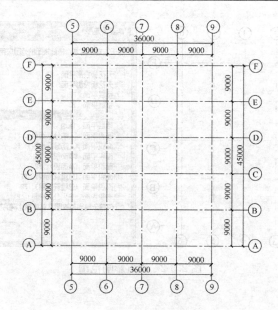

6层及以上轴网布置图 1:500

图 2.5-4 练习 1 (2)

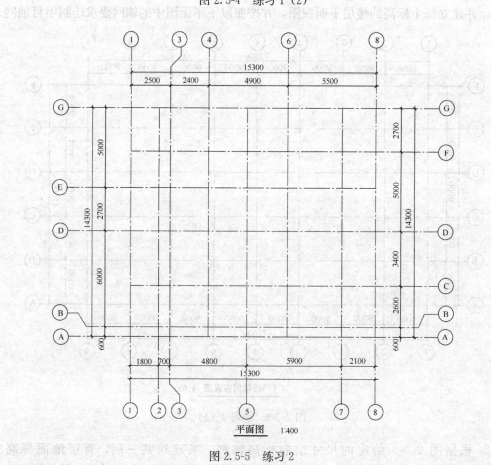

平面图 1:400

图 2.5-5 练习 2

3. 如图 2.5-6、图 2.5-7 所示，在对应视图导入给定 CAD 平面图纸创建轴网，设置项目基点为 A 轴与 1 轴的交点，CAD 图形在平面视图中不可见，并根据立面图绘制标高。

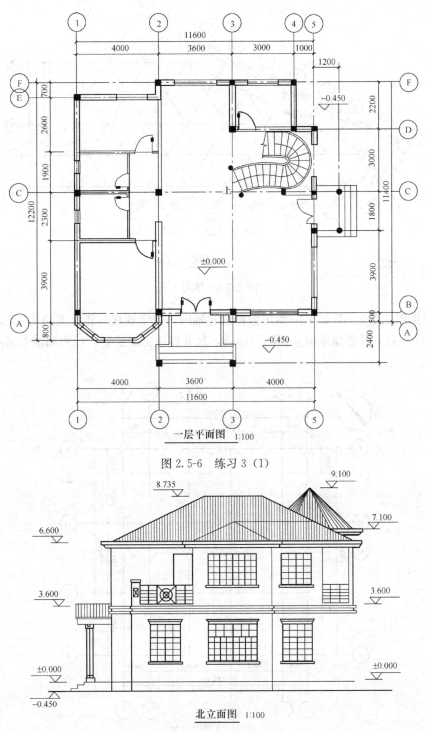

图 2.5-6 练习 3（1）

图 2.5-7 练习 3（2）

4. 根据图 2.5-8 给定数据创建轴网并添加尺寸标注，尺寸标注文字大小为 3mm，轴头显示方式以下图为准。

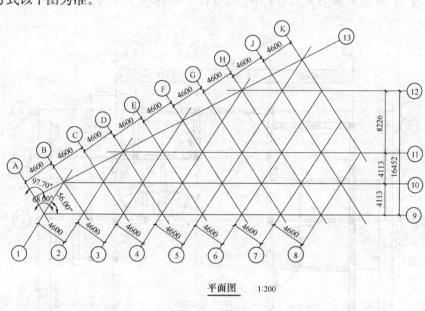

平面图 1:200

图 2.5-8 练习 4

5. 根据图 2.5-9、图 2.5-10 给定数据创建轴网，数字轴线与正北夹角为 45°，项目北与正北方向一致，并创建东南立面图与标高，尺寸标注无需绘制，标头和轴头显示方式以下图为准。

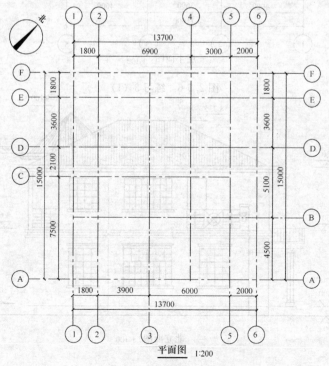

平面图 1:200

图 2.5-9 练习 5（1）

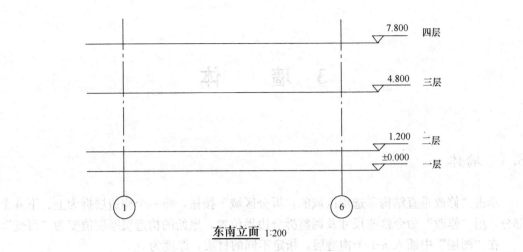

东南立面 1:200

图 2.5-10 练习 5 (2)

3 墙 体

3.1 墙体

单击"修改垂直结构"选项区域的"拆分区域"按钮，将一个构造层拆为上、下 n 个部分，用"修改"命令修改尺寸及调整拆分边界位置，原始的构造层厚度值变为"可变"。

在"图层"中插入 n-1 个构造层，指定不同的材质，厚度为 0。

单击其中一个构造层，用"指定层"在左侧预览框中单击拆分开的某个部分指定给该图层。用同样的操作设置完所有图层即可实现一面墙在不同的高度有几个材质的要求。如图 3.1-1 所示。

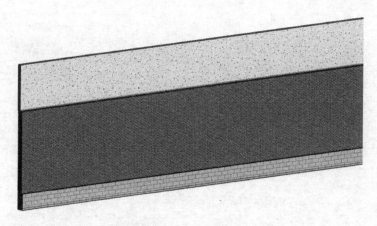

图 3.1-1　墙体

编辑垂直复合墙的结构时，可使用"拆分区域"工具，在水平方向或垂直方向上将一个墙层（或区域）分割成多个新区域。拆分区域时，新区域采用与原始区域相同的材质。要水平拆分层或区域，请高亮显示一条边界。高亮显示边界时，会显示一条预览拆分线。

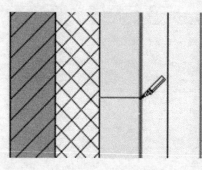

图 3.1-2　拆分墙体装饰层

如图 3.1-2 所示。

水平拆分区域或层之后，单击各区域之间的边界。此时将显示一个蓝色的控制箭头，带有临时尺寸标注。如果单击该箭头，则会在墙顶部与底部之间的约束及其临时尺寸标注之间切换。如图 3.1-3 所示。

要垂直拆分层或区域，请高亮显示并选择水平边界。此边界可能是外边界，但如果进行了水平拆分，则也可能是所创建的内边界。如图 3.1-4 所示。

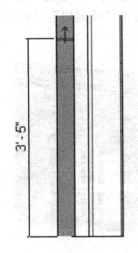

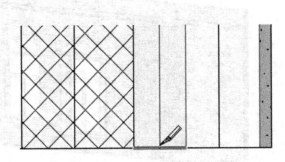

图 3.1-3　修改拆分区域尺寸　　　　图 3.1-4　拆分区域

在编辑垂直复合墙的结构时，使用"合并区域"工具在水平方向或垂直方向上将墙区域（或图层）合并成新区域。高亮显示区域之间的边界，单击以合并它们。合并区域时，高亮显示边界时光标所在的位置决定了合并后要使用的材质。如图 3.1-5、图 3.1-6 所示。

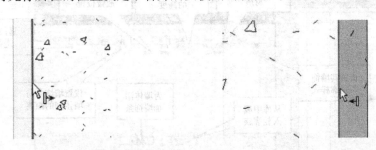

图 3.1-5　合并时左边区域的材质优先　　　图 3.1-6　合并时右边区域的材质优先

3.2　墙饰条、分隔缝

单击"墙饰条"按钮，弹出"墙饰条"对话框，添加并设置墙饰条的轮廓，如需新的轮廓，可单击"载入轮廓"按钮，从库中载入轮廓族，单击"添加"按钮添加墙饰条轮廓，并设置其高度、放置位置（墙体的顶部、底部、内部、外部）、与墙体的偏移值、材质及是否剪切等。

在"编辑部件"对话框中单击"墙饰条"。在"墙饰条"对话框中单击"添加"。在"轮廓"列中单击，然后从下拉列表中选择一个轮廓。指定墙饰条材质。指定到墙顶部或底部（在"自"列中选择顶部或底部）之间的距离作为"距离"。指定内墙或外墙作为"边"。如有必要，为"偏移"指定一个值。负值会使墙饰条朝墙核心方向移动。选择"翻转"以测量到墙饰条轮廓顶而不是墙饰条轮廓底的距离。

如果需要墙饰条从主体墙中剪切几何图形，则选择"剪切墙"。当墙饰条偏移并内嵌墙中时,会从墙中剪切几何图形。在有许多墙饰条的复杂模型中,可以通过清除此选项提高性能。如果希望墙饰条由墙插入对象进行剖切,请选择"可剖切",如图 3.2-1、图 3.2-2 所示。

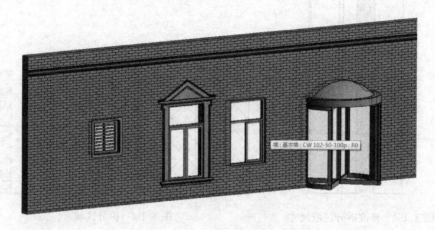

图 3.2-1　墙饰条的插入

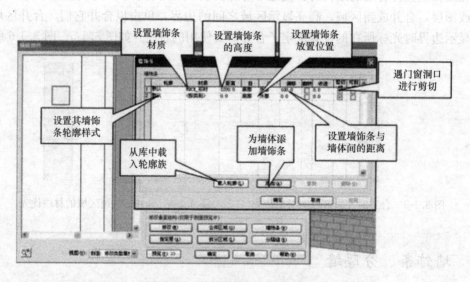

图 3.2-2　墙饰条类型属性编辑框

在编辑垂直复合墙的结构时,使用"分隔缝"工具来控制墙分隔缝的放置和显示。

打开墙类型的"编辑部件"对话框。分隔缝会在轮廓与墙层相交的地方删除材质。在"编辑部件"对话框中单击"分隔缝"。在"分隔缝"对话框中单击"添加"。从列表中选择一个轮廓。指定到墙顶部或底部(在"自"列中选择顶部或底部)之间的距离作为"距离"。指定内墙或外墙作为"边"。如有必要,为"偏移"指定一个值。负值会使分隔缝朝墙核心的方向移动。选择"翻转"以测量到分隔缝轮廓顶部而不是其底部的距离。在"收进"列中指定到附属件(例如窗和门)的分隔缝收进距离。单击"确定"。如图 3.2-3 所示的①。

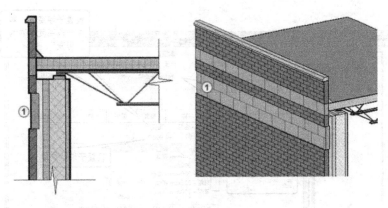

图 3.2-3　插入分隔缝

3.3　叠层墙

Revit 包括用于为墙建模的"叠层墙"系统族，这些墙包含叠放在一起的两面或多面子墙。子墙在不同的高度可以具有不同的墙厚度。叠层墙中的所有子墙都被附着，其几何图形相互连接。仅"基本墙"系统族中的墙类型可以作为子墙。例如，可以创建由"外部-金属立柱上的砖"、"外部-属立柱上的 CMU"附着和相连而组成的叠层墙。使用叠层墙类型，可以在不同高度定义不同墙厚。可以通过"类型属性"定义其结构。如图 3.3-1所示。

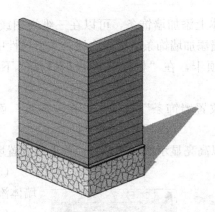

图 3.3-1　叠层墙

选择"建筑"选项卡，单击"构建"面板下的"墙"按钮，从类型选择器中选择。例如："叠层墙：外部带金属立柱的砌块上的砖"类型，单击"图元"面板下的"图元属性"按钮，弹出"实例属性"对话框，单击"编辑类型"按钮，弹出"类型属性"对话框，再单击"结构"后的"编辑"按钮，弹出"对话框"。如图 3.3-2 所示。

叠层墙是一种由若干个不同子墙（基本墙类型）相互堆叠在一起而组成的主墙，可以在不同的高度定义不同的墙厚、复合层和材质。

要独立控制叠层墙内的子墙，请在叠层墙上单击鼠标右键，然后单击"断开"。一旦叠层墙被分解，子墙将成为独立的墙。没有能够重新堆叠这些墙的工具。每个子墙的墙底

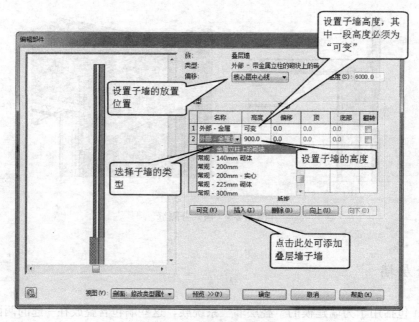

图 3.3-2　墙体结构编辑

定位标高和底部偏移都与叠层墙的墙底定位标高和底部偏移相同。

3.4　绘制墙饰条

（1）在已经建好的墙体上添加墙饰条，可以在三维视图或立面视图中为墙添加墙饰条。要为某种类型的所有墙添加墙饰条，可以在墙的类型属性中修改墙结构。

（2）选项"建筑"选项卡，在"构建"面板的"墙"下拉列表中选择"墙饰条"选项。

（3）选择"修改 ｜ 放置墙饰条"选项卡，在"放置"面板中选择墙饰条的方向："水平"或"垂直"。

（4）将鼠标放在墙上以高亮显示墙饰条位置，单击以放置墙饰条。

（5）如果需要，可以为相邻墙体添加墙饰条。

（6）要在不同的位置开始墙饰条，可选择"修改 ｜ 放置墙饰条"选项卡，单击"放置"（重新放置墙饰条）。将鼠标移到墙上所需的位置，单击以放置墙饰条。

（7）要完成墙饰条的放置，可单击"修改"按钮。如图3.4-1所示。

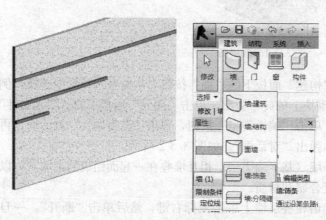

图 3.4-1　墙饰条

3.5 分隔缝

(1) 打开三维视图或不平行立面视图。

(2) 单击"建筑"选项卡，在"构建"面板中的"墙"下拉列表中选择"分隔缝"选项。如图 3.5-1 所示。

(3) 在类型选择器（位于"属性"选项板顶部）中选择所需的墙分隔缝的类型。

(4) 选择"修改 | 放置墙分隔缝"下的"放置"，并选择墙分隔缝的方向："水平"或"垂直"。

(5) 将鼠标放在墙上以高亮显示墙分隔缝位置，单击以放置分隔缝。

(6) Revit 会在各相邻墙体上预选分隔缝的位置。

(7) 要完成对墙分隔缝的放置，单击视图中墙以外的位置。如图 3.5-2 所示。

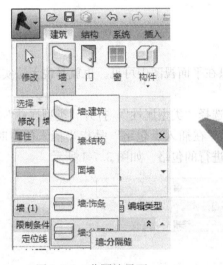

图 3.5-1　分隔缝界面

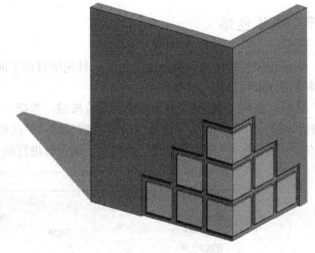

图 3.5-2　分隔缝

3.6 内墙设置及轮廓编辑

内墙的轮廓编辑可以直接在立面上修改编辑：选择墙体，单击"修改墙"面板下的"编辑轮廓"命令，弹出"转到视图"对话框，选择相应的立面，进入立面视图，选择"绘制"面板中的绘制工具，绘制想要的轮廓并完成轮廓。

如果需要观察该墙轮廓与其他墙体的关系，可以把模型图形样式修改为"线框"。

对于与平面成角度的斜墙轮廓的编辑，则可以通过创建与该墙垂直的框架立面，绘制框架立面，在新建的框架立面中编辑轮廓。如图 3.6-1 所示。

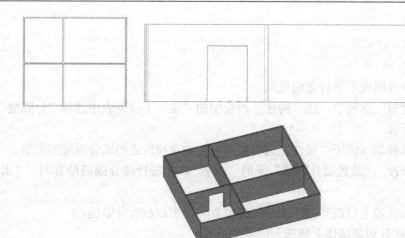

图 3.6-1　墙体的轮廓编辑

3.7　墙体包络

墙体包络主要体现在墙身详图中，并且包络只在平面视图中可见。也就是说无法实现墙体在剖面上门窗插入处的包络。

选择"墙体"，单击"图元属性"下拉按钮，选择"类型属性"，打开"类型属性"对话框。如图 3.7-1 所示为对构造包络的参数设置。"在插入点包络"是指当插入门窗时，墙体的包络方式；"在端点包络"是指在墙端点处进行的包络。如图 3.7-1 所示。

参数	值
构造	∧
结构	编辑...
在插入点包络	不包络
在端点包络	无
厚度	460.0
功能	外部

图 3.7-1　类型属性编辑

以"在端点包络"为例，若设为"无包络"，则为图 3.7-2 所示的构造样式；若设为"内包络"，则为图 3.7-3 所示的构造样式；若设为"外包络"，则为图 3.7-4 所示的构造样式。

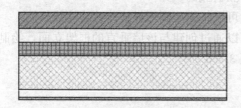

图 3.7-2　无包络

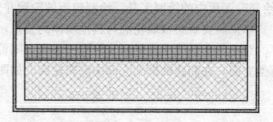

图 3.7-3　内包络

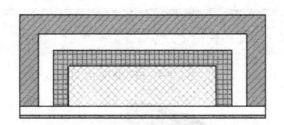

图 3.7-4 外包络

3.8 填色及拆分面

"拆分面"命令可以拆分图元的表面，但不改变图元的结构。在拆分面后，可使用"填色"工具为此部分面应用不同材质。

单击"修改"选项卡中的"编辑面"面板中的"拆分面"命令，移动光标到墙上，使墙体外表面高亮显示，单击选择该面，进入绘制草图模式。单击"绘制"面板下的"线"工具，绘制两条垂直线到墙体下面边界，"完成拆分面"。

单击"修改"选项卡中的"编辑面"面板中的"填色"命令，选择材质类型，单击"拆分面"，此时，"拆分面"被赋予了材质。如图 3.8-1 所示。

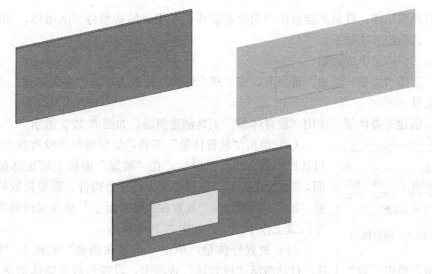

图 3.8-1 拆分及填色

3.9 墙体附着/分离

选择墙体，自动激活"修改 | 墙"选项卡，单击"修改墙"面板下的"附着"按钮，然后拾取屋顶、楼板、天花板或参照平面，可将墙连接到屋顶、楼板、天花板、参照平面上，墙体形状自动发生变化。单击"分离"按钮可将墙从屋顶、楼板、天花板、参照平面上分离开，墙体形状恢复原状。如图 3.9-1、图 3.9-2 所示。

图 3.9-1 修改选项卡

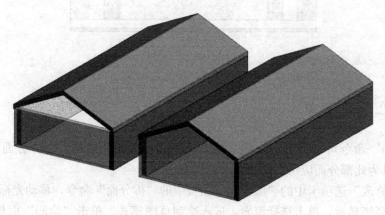

图 3.9-2 墙体附着屋顶

3.10 创建异型墙

所谓异型墙体，就是不能直接应用绘制墙体命令生成的造型特异的墙体，如倾斜墙、扭曲墙。其创建方法如下：

方法一：体量生成面墙

（1）选择"体量和场地"选项卡，在"概念体量"面板上单击"内建体量"或"放置体量"工具。

（2）创建所需体量，使用"放置体量"工具创建斜墙。如图 3.10-1 所示。

图 3.10-1 创建体量

（3）单击"放置体量"工具，如果项目中没有现有体量族，可从库中载入现有体量族，在"放置"面板上确定体量的放置面，"放置在面上"项目中至少有一个构件，需要拾取构件的任意"面"放置体量，"放置在工作平面上"命令实现放置在任意平面或工作平面上。如图 3.10-2 所示。

（4）放置好体量，单击"体量和场地"面板上"面模型"下拉按钮，单击"墙"工具，自动激活"放置墙"选项卡，设置所放置墙体的基本属性，选择墙体类型、墙体属性的设置，放置标高、定位线等。移动鼠标到体量任意面单击，确定放置。如图 3.10-3 所示。

（5）单击"概念体量"面板下"显示体量"工具，控制体量的显示与关闭。如图 3.10-4 所示。

方法二：内建族创建异形墙体

选择"建筑"选项卡，在"构建"面板下的"构件"下拉菜单中选择"内建模型"命令，在弹出的"族类别和族参数"对话框中选择"墙"选项，然后单击"确定"按钮。如图 3.10-5 所示。

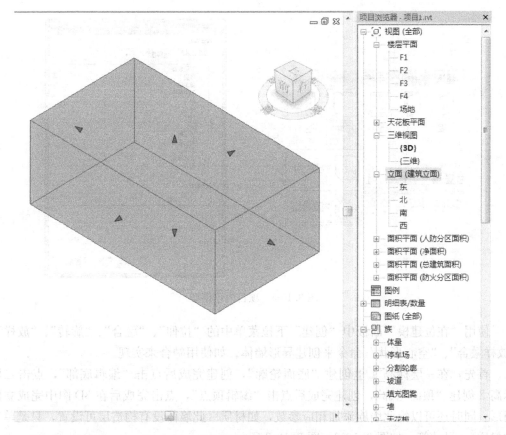

图 3.10-2 体量模型

图 3.10-3 面模型选项

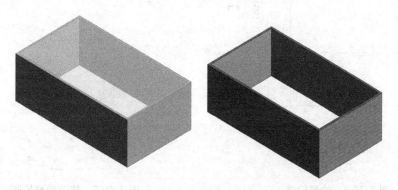

图 3.10-4 给体量赋予面构件

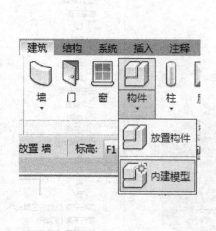

图 3.10-5 项目内建模型

使用"在位建模"面板中"创建"下拉菜单中的"拉伸"、"融合"、"旋转"、"放样"、"放样融合"、"空心形状"命令来创建异形墙体。如使用融合来实现。

首先，在一层标高 1 里创建"底面轮廓"，创建完成后点击"编辑底部"，点击二层标高 2 创建"顶面轮廓"，创建完成后点击"编辑顶点"，点击完成后在 3D 图中完成立体图形。同时还可以给此墙族添加相应参数，如材质（此墙体没有构造层可设置，只是单一的材质）、尺寸等。如图 3.10-6～图 3.10-8 所示。

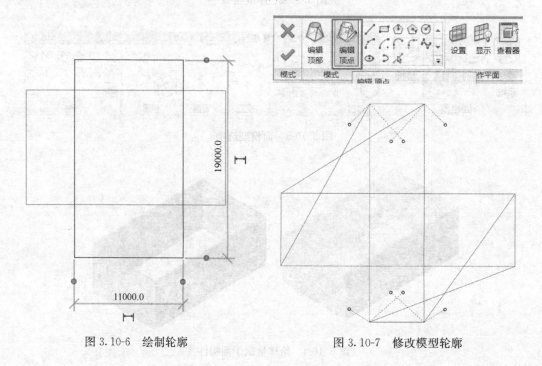

图 3.10-6 绘制轮廓   图 3.10-7 修改模型轮廓

图 3.10-8 完成内建模型

3.11 幕墙系统

在一般应用中，幕墙常常定义为薄的、通常带铝框的墙，包含填充的玻璃、金属嵌板或薄石。绘制幕墙时，单个嵌板可延伸墙的长度。如果所创建的幕墙具有自动幕墙网格，则该墙将被再分为几个嵌板。

在幕墙中，网格线定义放置竖梃的位置。竖梃是分割相邻窗单元的结构图元。可通过选择幕墙并单击鼠标右键访问关联菜单，来修改该幕墙。在关联菜单上有几个用于操作幕墙的选项，例如选择嵌板和竖梃。

可以使用默认 Revit 幕墙类型设置幕墙。这些墙类型提供三种复杂程度，可以对其进行简化或增强。如图 3.11-1 所示。

幕墙默认有 3 种类型：店面、外部玻璃、幕墙。如图 3.11-2 所示。

图 3.11-1 幕墙

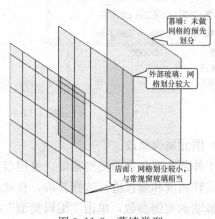

图 3.11-2 幕墙类型

29

幕墙的竖梃样式、网格分割形式、嵌板样式及定位关系皆可修改。

（1）绘制幕墙

在 Revit 中玻璃幕墙是一种墙类型，可以像绘制基本墙一样绘制幕墙。选择"建筑"选项卡，单击"构建"面板下的"墙"按钮，从类型选择器中选择幕墙类型，绘制幕墙或选择现有的基本墙，从类型下拉列表中选择幕墙类型，将基本墙转换成幕墙。如图3.11-3所示。

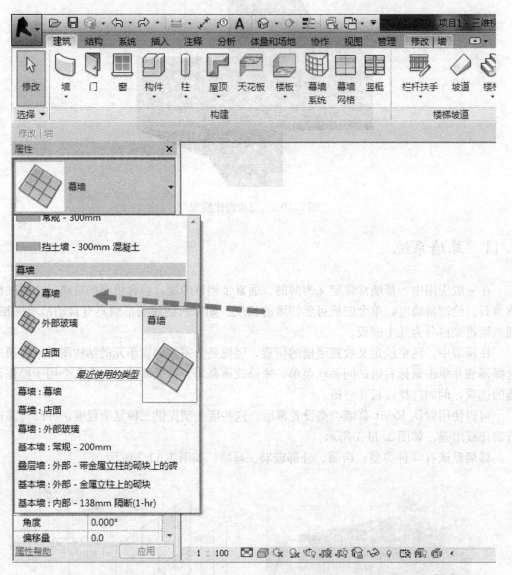

图 3.11-3　选择幕墙类型

（2）图元属性修改

对于外部玻璃和店面类型幕墙，可用参数控制幕墙网格的布局模式、网格的间距值及对齐、旋转角度和偏移值。选择幕墙，自动激活"修改墙"选项卡，在"属性"窗口可以编辑该幕墙的实例参数，单击"编辑类型"按钮，弹出幕墙的"类型属性"对话框，编辑幕墙的类型参数。如图 3.11-4 所示。

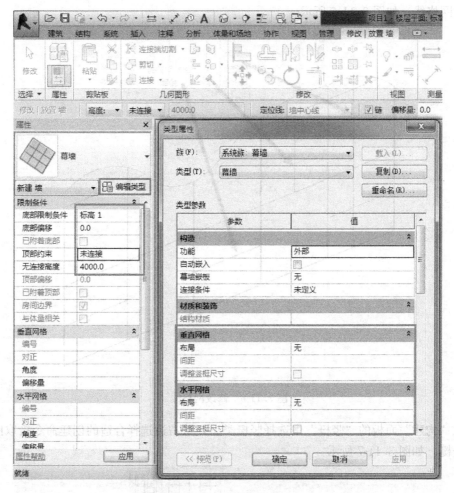

图 3.11-4　实例属性修改

（3）手工修改

可手动调整幕墙网格间距：选择幕墙网格（按"Tab"键切换选择），单击开锁标记即可修改网格临时尺寸。如图 3.11-5 所示。

（4）编辑立面轮廓

选择幕墙，自动激活"修改｜墙"选项卡，单击"修改｜墙"面板下的"编辑轮廓"按钮，即可像基本墙一样任意编辑其立面轮廓。

（5）幕墙网格与竖梃

选择"建筑"选项卡，单击"构建"面板下的"幕墙网格"按钮，可以整体分割或局部细分幕墙嵌板。

"全部分段"：单击添加整条网格线。

"一段"：单击添加一段网格线细分嵌板。

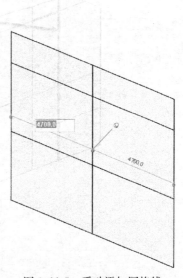

图 3.11-5　手动添加网格线

"除拾取外的全部"：先单击添加一条红色的整条网格线；再单击某段，删除其余的嵌板添加网格线。如图 3.11-6 所示。

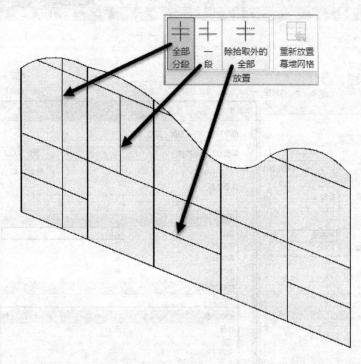

图 3.11-6　修改网格线

在"构建"面板的"竖梃"中选择竖梃类型，从右边选择合适的创建命令拾取网格线添加竖梃。如图 3.11-7 所示。

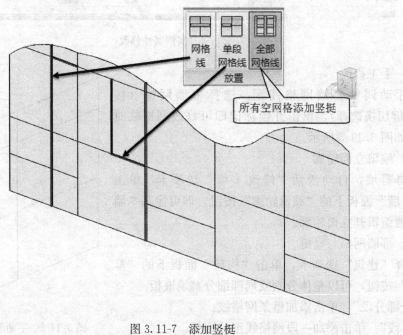

图 3.11-7　添加竖梃

（6）替换门窗

可以将幕墙玻璃嵌板替换为门或窗（必须使用带有"幕墙"字样的门窗族来替换，此类门窗族是使用幕墙嵌板的族样板来制作的，与常规门窗族不同）；将鼠标放在要替换的幕墙嵌板边沿，使用"Tab"键切换选择至幕墙嵌板（注意：看屏幕下方的状态栏），选中幕墙嵌板后，自动激活"修改墙"选项卡，单击"图元"面板下"图元属性"按钮，点击编辑类型，弹出嵌板的"类型属性"对话框，可在"族"下拉列表中直接替换现有幕墙窗或门，如果没有，可单击"载入"按钮从库中载入。如图 3.11-8 所示。

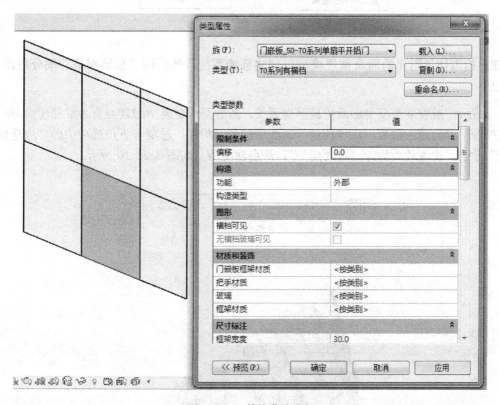

图 3.11-8　替换幕墙嵌板

提示：幕墙嵌板的选择可以用"Tab"键切换选择，幕墙嵌板可替换为门窗、百叶、墙体、空。

（7）嵌入墙

基本墙和常规幕墙可以互相嵌入（当幕墙属性对话框中"自动嵌入"为勾选状态时）：用墙命令在墙体中绘制幕墙，幕墙会自动剪切墙，像插入门、窗一样；选择幕墙嵌板方法同上，从类型选择器中选择基本墙类型，可将幕墙嵌板替换成基本墙，如图 3.11-9 所示。也可以将嵌板替换为"空"或"实体"。

（8）幕墙系统

幕墙系统是一种构件，由嵌板、幕墙网格和竖梃组成，通过选择体量图元面，可以创建幕墙系统。在创建幕墙系统之后，可以使用与幕墙相同的方法添加幕墙网格和竖梃。

对于一些异形幕墙，选择"建筑"选项卡，然后单击"构建"面板下的"幕墙系统"

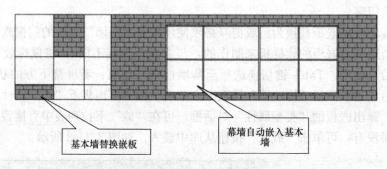

图 3.11-9 嵌入墙

按钮，拾取体量图元的面及常规模型可创建幕墙系统，然后用"幕墙网格"细分后添加竖梃。

> 提示：拾取常规模型的面生成幕墙系统，指的是内建族中的族类别为常规模型的内建模型。其创建方法为：在"构建"面板中选择"构件"选项卡下拉选项中的"内建模型"命令，设置族类别为"常规模型"，即创建模型。如图 3.11-10 所示。

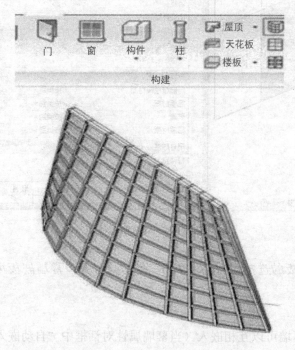

图 3.11-10 幕墙系统

（9）Revit 包括 4 种角竖梃类型

L 形角竖梃：幕墙嵌板或玻璃斜窗与竖梃的支脚端部相交，可以在竖梃的类型属性中指定竖梃支脚的长度和厚度。如图 3.11-11 所示。

V 形角竖梃：幕墙嵌板或玻璃斜窗与竖梃的支脚侧边相交。可以在竖梃的类型属性中指定竖梃支脚的长度和厚度。如图 3.11-12 所示。

梯形角竖梃：幕墙嵌板或玻璃斜窗与竖梃的侧边相交，可以在竖梃的类型属性中指定沿着与嵌板相交的侧边的中心宽度和长度。如图 3.11-13 所示。

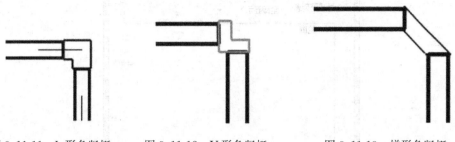

图 3.11-11　L 形角竖梃　　　图 3.11-12　V 形角竖梃　　　图 3.11-13　梯形角竖梃

四边形角竖梃：幕墙嵌板或玻璃斜窗与竖梃的支脚侧边相交，可以指定竖梃在两个部分内的深度。

如果两个竖梃部分相等并且连接不是 90°角，则竖梃会呈现出风筝的形状：如图 3.11-14所示。

如果连接角度为 90°并且各部分不相等，则竖梃是矩形的：如图 3.11-15 所示。

如果两个部分相等并且连接处是 90°角，则竖梃是正方形的：如图 3.11-16 所示。

图 3.11-14　四边形角竖梃　　　图 3.11-15　矩形竖梃　　　图 3.11-16　方形竖梃

> 提示：四边形角竖梃与矩形竖梃（非角竖梃）不同，因为幕墙嵌板在四边形角竖梃的相邻侧边处连接。

3.12　幕墙创建百叶窗

首先新建一个轮廓族如图，尺寸根据需要自定。如图 3.12-1 所示。

编辑新建族的类别轮廓类型修改为竖梃。如图 3.12-2 所示。

新建族类型命名百叶窗。然后将族载入到项目中。如图 3.12-3 所示。

然后新建一个族类型为百叶窗，如图 3.12-4 所示，修改其

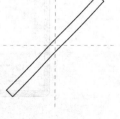

图 3.12-1　百叶轮廓

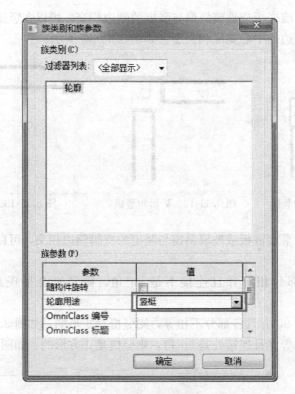

图 3.12-2 修改族类型

图 3.12-3 定义族类型及参数

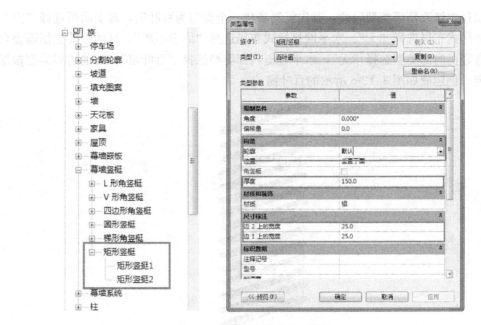

图 3.12-4 修改族类型属性

类型属性轮廓改为百叶窗，如图 3.12-5 所示。

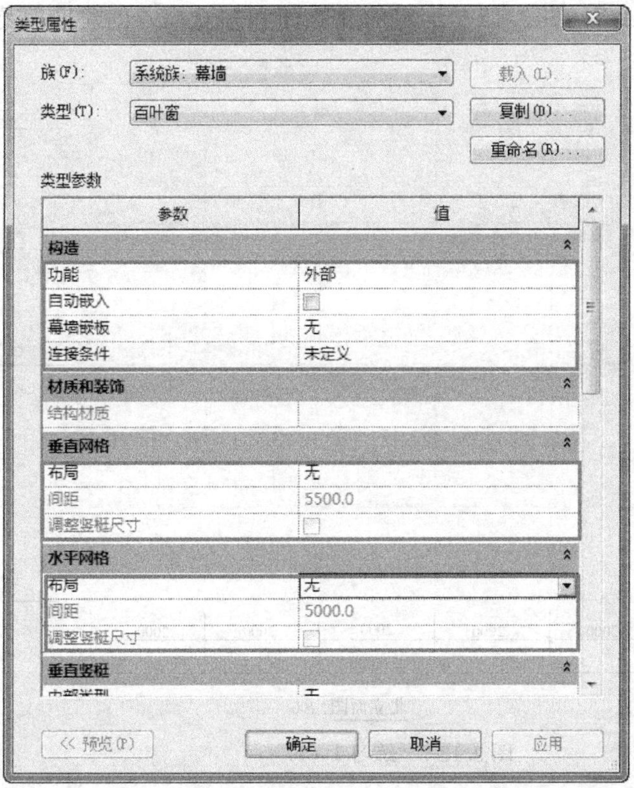

图 3.12-5 修改类型属性

在项目中修改幕墙类型属性：首先复制新建一个类型为百叶窗，幕墙面板选择"空"、垂直网格样式布局选择"无"、水平网格样式布局选择"固定距离"，具体距离根据需要自定，垂直竖梃内部类型选择"无"，水平竖梃内部类型选择"百叶窗"，其他边界类型根据需要自定，创建成如图3.12-6所示的百叶窗。

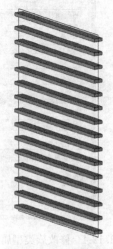

图3.12-6　百叶窗

练习：

1. 根据图3.12-7、图3.12-8给定的北立面和东立面，创建玻璃幕墙及其水平竖梃模型。

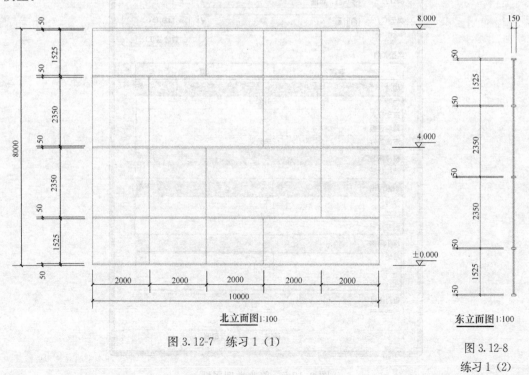

北立面图1:100

图3.12-7　练习1（1）

东立面图1:100

图3.12-8
练习1（2）

2. 按照图 3.12-9 所示，新建项目文件，创建如下墙类型，并将其命名为"外墙"。之后，以标高 1 到标高 2 为墙高，创建半径为 5000mm（以墙核心层内侧为基准）的圆形墙体。

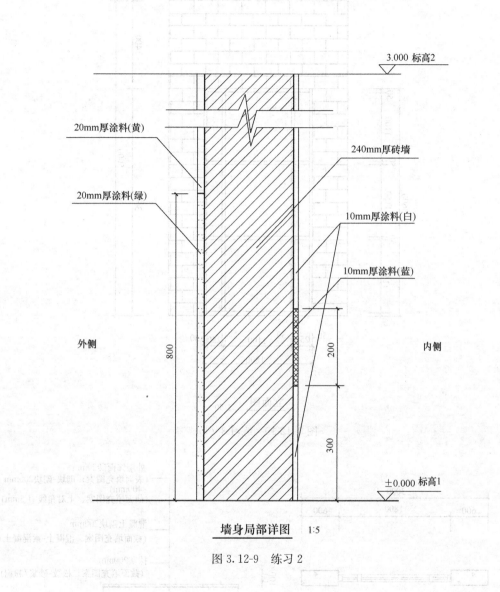

墙身局部详图　1:5

图 3.12-9　练习 2

3. 根据图 3.12-10，创建墙体与幕墙，墙体构造与幕墙竖梃连续方式如图 3.12-11、图 3.12-12 所示，竖梃尺寸为 100mm×50mm。

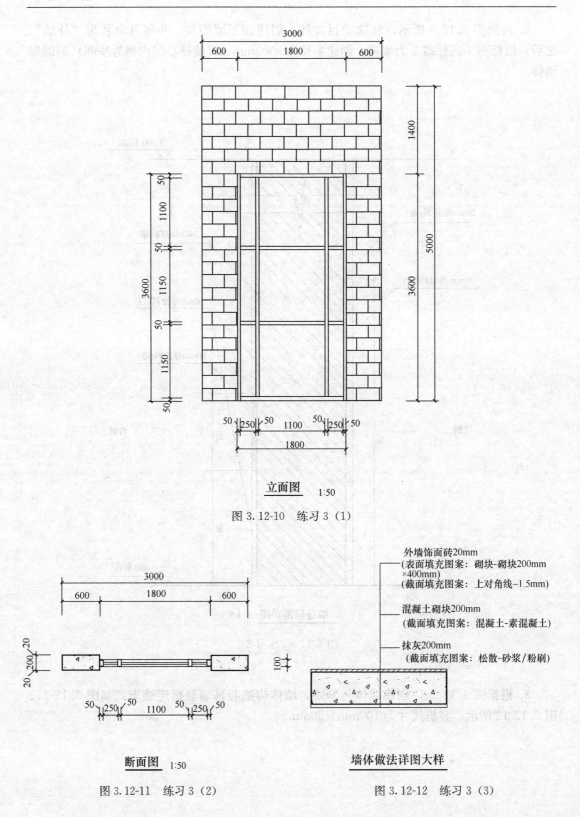

立面图 1:50

图 3.12-10　练习 3（1）

外墙饰面砖20mm
（表面填充图案：砌块-砌块200mm
×400mm）
（截面填充图案：上对角线-1.5mm）

混凝土砌块200mm
（截面填充图案：混凝土-素混凝土）

抹灰200mm
（截面填充图案：松散-砂浆/粉刷）

断面图 1:50

图 3.12-11　练习 3（2）

墙体做法详图大样

图 3.12-12　练习 3（3）

4 楼板、屋顶

4.1 楼板编辑、楼板设置

选择楼板，点击自动弹出的"修改楼板"上下文选项卡，单击"修改子图元"工具，楼板进入点编辑状态。单击"添加点"工具，然后在楼板需要添加控制点的地方单击，楼板将会增加一个控制点。单击"修改子图元"工具，再单击需要修改的点，在点的左上方会出现一个数值。如图 4.1-1 所示。

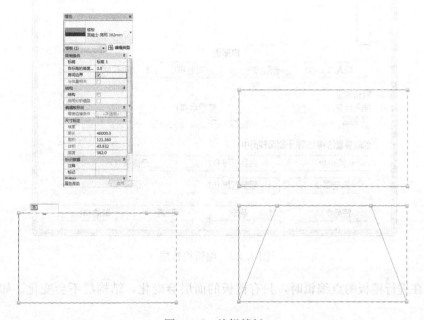

图 4.1-1　编辑楼板

该数值表示偏离楼板的相对标高的距离，我们可以通过修改其数值使该点高出或低于楼板的相对标高。"形状编辑"面板中还有"添加分割线"、"拾取支座"和"重设形状"。"添加分割线"命令可以将楼板分为多块，以实现更加灵活的调节。"拾取支座"命令用于定义分割线，并在选择梁时为楼板创建恒定承重线；单击"重设形状"工具可以使图形回复原来的形状。如图 4.1-2 所示。

当楼层需要做找坡层或做内排水时，需要在面层上做坡度。选择楼层，单击"图元属性"

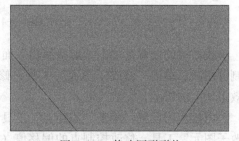

图 4.1-2　修改图形形状

下拉按钮，选择"类型属性"，单击"结构"栏下"编辑"，在弹出的"编辑部件"对话框中勾选"保温层/空气层"后的"可变"选项。如图 4.1-3 所示。

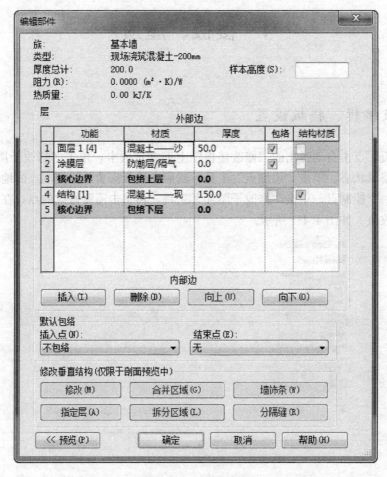

图 4.1-3 编辑构造层

这时在进行楼板的点编辑时，只有楼板的面层会变化，结构层不会变化。如图 4.1-4 所示。

图 4.1-4 编辑楼板面层

找坡层的设置：单击"形状编辑"面板中的"添加分割线"工具，在楼板的中线处绘制分割线，单击"修改子图元"工具，修改分割线两端端点的偏移值（即坡度高低差），效果如上图所示，完成绘制。

内排水的设置：单击"添加点"工具，在内排水的排水点添加一个控制点，单击"修改子图元"工具，修改控制点的偏移值（即排水高差），完成绘制。如图 4.1-5 所示。

图 4.1-5　生成楼板找坡

4.2　圆锥屋顶

在"建筑"面板的"屋顶"下拉列表中选择"迹线屋顶"选项，进入绘制屋顶轮廓草图模式。打开"属性"对话框，可以修改屋顶属性，如图 4.2-1 所示。用"拾取墙"或"线"、"起点-终点-半径弧"命令绘制有圆弧线条的封闭轮廓线，选择轮廓线，在选项栏勾选"定义坡度"复选框，"◺ 30.00°"符号将出现在其上方，单击角度值设置屋面坡度。如图 4.2-1、图 4.2-2 所示。

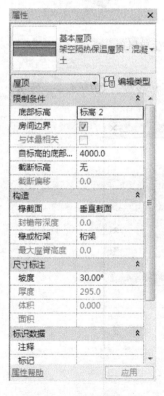

图 4.2-1　屋顶属性面板

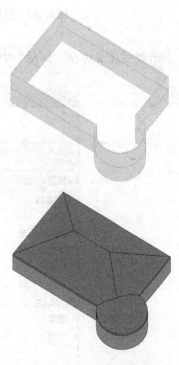

图 4.2-2　绘制迹线屋顶

4.3　双坡屋顶

在"建筑"面板的"屋顶"下拉列表中选择"迹线屋顶"选项，进入绘制屋顶轮廓草图模式。

在选项栏取消勾选"定义坡度"复选框，用"拾取墙"或"线"命令绘制矩形轮廓。

选择"参照平面"绘制参照平面，调整临时尺寸，使左、右参照平面间距等于矩形宽度。

在"修改"选择栏"拆分图元"选项，在右边参照平面处单击，将矩形的长边分为两段。

如图 4.3-1 所示，添加坡度箭头，选择"修改屋顶"下"编辑迹线"选项卡，单击"绘制"面板中的"属性"按钮，设置坡度属性，单击完成屋顶，完成绘制。

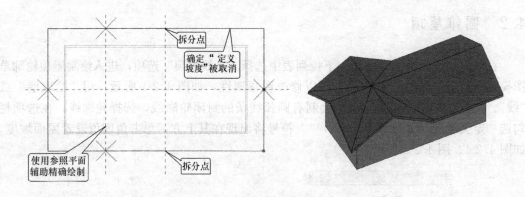

图 4.3-1　使用坡度箭头生成屋顶

提示：单击坡度箭头可在"属性"中选择尾高和坡度。如图 4.3-2 所示。

图 4.3-2　坡度箭头属性设置

4.4 斜坡屋顶

在"建筑"面板的"屋顶"下拉列表中选择"迹线屋顶"选项,进入绘制屋顶轮廓草图模式。

使用"拾取墙"或"线"命令绘制屋顶,设置属性面板中"截断标高"和"截断偏移"单击完成绘制。如图 4.4-1～图 4.4-3 所示。

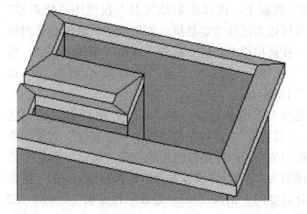
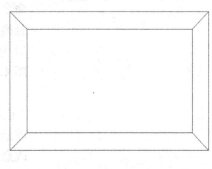

图 4.4-1 屋顶轮廓

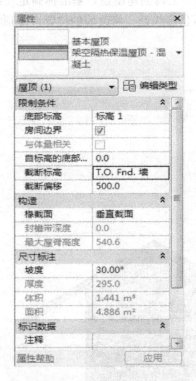
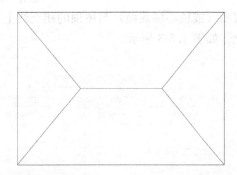
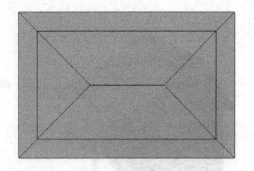

图 4.4-2 定义屋顶截断标高   图 4.4-3 生成屋顶

用"迹线屋顶"命令在截断标高上沿第一层屋顶洞口边线绘制第二层屋顶。如果两层屋顶的坡度相同，在"修改"选项卡的"编辑几何图形"中选择"连接 | 取消连接屋顶"选项，连接两个屋顶，隐藏屋顶的连接线。如图 4.4-3 所示。

4.5　基于墙的屋顶

单击"常用"选项卡中"构建"面板，在"屋顶"下拉列表中选择"迹线屋顶"。在"绘制"面板上，选择拾取墙工具。仅使用"拾取墙"命令时可以为迹线指定悬挑。如果希望从墙核心处测量悬挑，在选项栏上勾选"延伸到墙中（至核心层）"，然后为"悬挑"指定一个值。拾取墙绘制屋顶。如图 4.5-1所示。

图 4.5-1　基于墙线悬挑屋顶外边线

选择上下两条迹线，在"属性"面板中取消勾选"定义屋顶坡度"；选择左侧迹线，在"属性"面板中修改悬挑值为 500；选择右侧迹线，在"属性"面板中修改悬挑值为 2500，修改板对基准的偏移值为 200（指该迹线处高度向上抬高 200）。完成屋顶编辑。如图 4.5-2所示。

使用"拾取墙"工具创建屋顶，基准标高定位线位于墙表面（或核心层表面）与屋顶的相交线上，而不是迹线处。修改墙的位置，屋顶将随之变化。如图 4.5-3 所示。

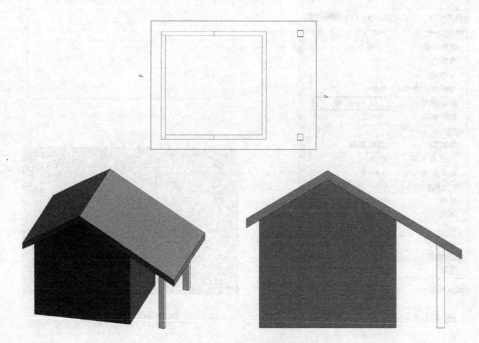

图 4.5-2　定义屋顶悬挑数值

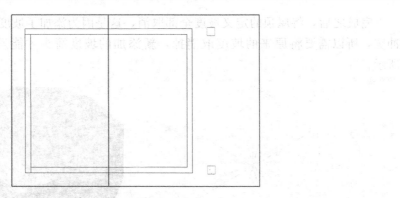

图 4.5-3　拾取墙线绘制屋顶边界线

4.6　尖顶屋顶

在绘制屋顶的时候，屋顶的形状一般是根据绘制的路径来生成的，接下来介绍通过坡度箭头来绘制尖顶屋顶。首先绘制几面这样的墙体，然后用"拾取墙"的命令为其添加屋顶。如图 4.6-1 所示。

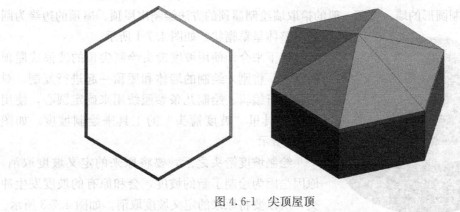

图 4.6-1　尖顶屋顶

接下来我们使用坡度箭头来绘制同样的屋顶。首先点击屋顶，进入编辑模式，为了保证规范性，一般会用参照线来确定屋顶的中间位置，然后通过"坡度箭头"命令进行绘制。如图 4.6-2 所示。

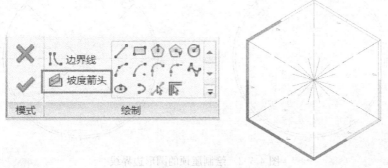

图 4.6-2　使用坡度箭头定义坡度

　　完成之后，将屋顶的定义坡度全部取消，这是因为添加了坡度箭头，与原来的坡度冲突，所以需要将原来的坡度取消掉，新添加的坡度箭头才能发挥作用。如图 4.6-3 所示。

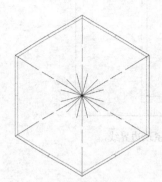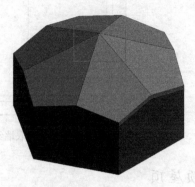

图 4.6-3　生成尖顶屋顶

4.7　波浪式屋顶

　　首先绘制圆形的墙，按照一般的拾取墙绘制屋顶的方法绘制出屋顶。屋顶的边缘为圆形，整体呈草帽状。如图 4.7-1 所示。

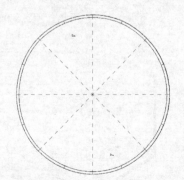

图 4.7-1　波浪式屋顶

　　接下来介绍使用坡度箭头绘制尖顶的波浪式屋顶的方法。将刚才绘制的墙体和屋顶一起进行复制，对屋顶进行编辑。绘制几条参照线用来确定圆心，使用绘图工具里"坡度箭头"的工具来绘制坡度。如图 4.7-2 所示。

　　绘制坡度箭头之后，要将原来的定义坡度取消，原因是因为绘制了新的坡度，会和原有的坡度发生冲突，所以要将原来的定义坡度取消。如图 4.7-3 所示。

　　点击完成之后，如图 4.7-4 所示，这是两种屋顶的区别。

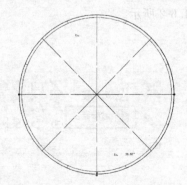

图 4.7-2　绘制屋顶的圆形边界线

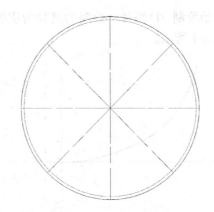

图 4.7-3　使用坡度箭头定义坡度

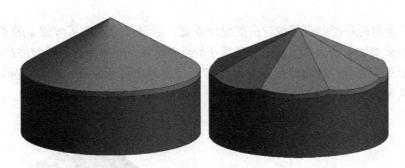

图 4.7-4　两种屋顶形状比较

4.8　古建筑屋顶

古建屋面模型无法使用系统屋面来进行建模，因此需要使用内建族来进行模型的创建，首先建立六角亭的一个单元，再进行径向阵列来完成整体屋面，建模的难点就在于单元模型的建立。

首先规划屋顶的大小，并添加主要的参照平面来确定屋顶的中心位置及单元的夹角。

以望板及筒瓦在位族的建立为例：

单击"常见"选项卡下"构建"面板中"构件"工具下拉按钮，使用"内建模型"命令，自动弹出的"族类别和族参数"对话框，选择族类别为"屋顶"后并确定，在出现的"名称"对话框中为当前创建的族命名，确定后进入族绘制模式。

单击"基准"面板下"参照平面"工具下拉按钮，选择"绘制参照平面"命令绘制参照平面。单击"常用"选项卡，"工作平面"面板中的"设置"工具，在"工作平面"对话框中选择"拾取一个平面"确定后在平面视图中拾取添加用于确定中心的水平参照平面，然后选择进入对应的立面视图。

在"内建模型"上下文选项卡，单击"在位建模"面板中"实心"下"放样"工具。在自动弹出的"放样"选项卡下，单击"模式"面板中"绘制路径"工具，进入绘制路径模式。

在"绘制"状态下，开始绘制 2D 路径，绘制的路径为望板在剖面中板面的上缘线，均采用直线段绘制。如图 4.8-1 所示。

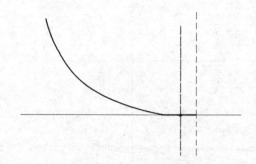

图 4.8-1　绘制族轮廓

> 提示：绘制的路径的折线段应根据设计方案，尽量符合古建屋面檩架的举折模数，这样建立的模型才更加逼真。完成路径后开始绘制轮廓，并选择到与绘制路径的立面相垂直的立面视图中进行绘制，按照屋面的起翘绘制封闭的轮廓线，确定后完成此次放样。如图 4.8-2 所示。

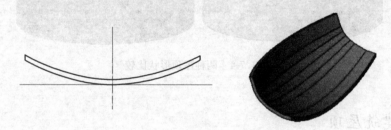

图 4.8-2　完成单元族

切换到平面视图，在"族"状态下通过"构建"—"构件"—"空心"—"拉伸"进入到绘制状态开始建立掏空模。

根据望板单元的平面投影形状绘制拉伸轮廓线，完成模型后，拉伸"空心拉伸"模型的上下"造型操控手柄"，使掏空模型在高度范围上覆盖实心放样的高度。如图 4.8-3 所示。

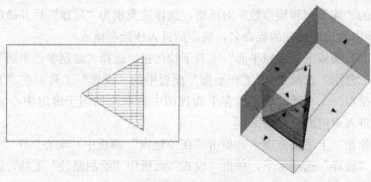

图 4.8-3　修改族造型

使用"修改"选项卡下"编辑几何形体"面板中"剪切"工具为建立的实心放样模型和空心拉伸模型做剪切得到最终的望板模型。

在平面视图中选中将刚才建立的实心形状的模型和空心形状的模型，并复制一个副本到旁边固定距离的位置（例如往下复制 6000mm）；

将原件模型修改为筒瓦的模型：选中原件中的实心形状模型，点击"形状"面板中的"编辑放样"进入到绘制状态，通过单击"模式"面板下"选择轮廓"命令，在弹出的"修改轮廓"上下文选项卡，单击"编辑"面板中"编辑轮廓"工具来编辑原有的轮廓；为在原有的轮廓线基础上添加了新的轮廓——一组同样大小的圆圈，之后应删除原有的轮廓线。如图 4.8-4 所示。

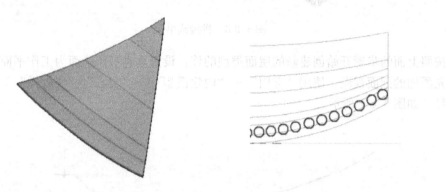

图 4.8-4　编辑族几何形体

原来的路径保持不变，完成对实心形状模型的编辑。将副本的模型移动回原来的位置（在平面视图中向上移动 6000mm）与编辑后的原件模型合并完成最终的模型。如图 4.8-5 所示。

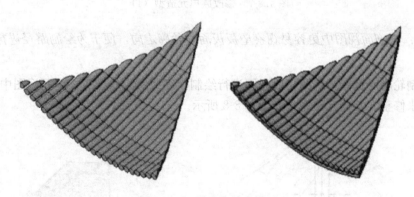

图 4.8-5　形成族单元模型

完成所有模型的建立之后便回到族状态下，点击"完成模型"完成当前族的制作。

在平面视图中使用径向阵列望板筒瓦族，并选中"成组并关联选项"，调整并加大阵列组的半径，使它们之间留出间隙来添加屋脊。

为了在建模过程中能尽量使用默认存在的视图，首先确定在平面视图中垂直的方向来建立屋脊模型，并沿屋脊方向添加一个剖面视图以方便以后建模的需要。如图 4.8-6 所示。

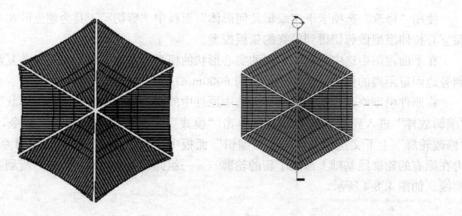

图 4.8-6　拼接族单元

按照上面的步骤开始创建新的屋面类型的族：设置垂直参照平面为工作平面，并进入到预先添加的剖面视图，使用"常用"—"内建模型"—"实心"—"放样"工具，先绘制路径。如图 4.8-7 所示。

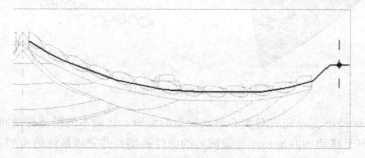

图 4.8-7　修改族单元造型（1）

提示：在剖面视图中更容易观察望板板面的轮廓走向，便于为绘制路径进行准确的定位。

在绘制轮廓时选择对应的立面视图进行绘制。完成实心放样后在剖面视图中添加"空心拉伸"来修整实心放样模型。如图 4.8-8 所示。

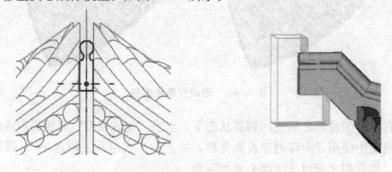

图 4.8-8　修改族单元造型（2）

选中阵列的屋面组，点击"成组"面板中的"编辑组"按钮，点击出现的"编辑组"面板中的"添加"按钮将屋脊在位族添加到阵列组里。如图 4.8-9 所示。

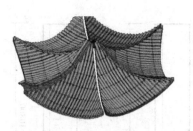

图 4.8-9　编辑组及添加屋脊

宝顶在建模时使用"常用"—"内建模型"—"实心"—"旋转"工具来建立模型。至此完成全部屋顶模型的建立。如图 4.8-10 所示。

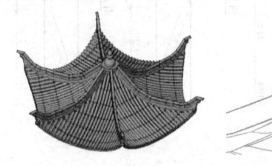

图 4.8-10　使用旋转生成宝顶

练习：

1. 根据图 4.8-11～图 4.8-13 中给定的尺寸及详图大样新建楼板，顶部所在标高为 ±0.000，命名为"卫生间楼板"，构造层保持不变，水泥砂浆层进行放坡，并创建洞口。

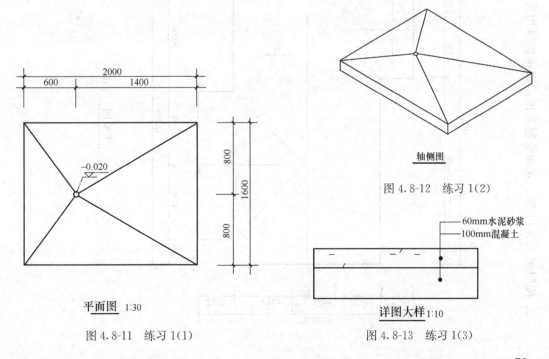

轴侧图

图 4.8-12　练习 1(2)

60mm水泥砂浆
100mm混凝土

平面图 1:30

图 4.8-11　练习 1(1)

详图大样 1:10

图 4.8-13　练习 1(3)

2. 按照图 4.8-14 平、立面绘制屋顶，屋顶板厚均为 400mm，其他建模所需尺寸可参考平、立面图自定。

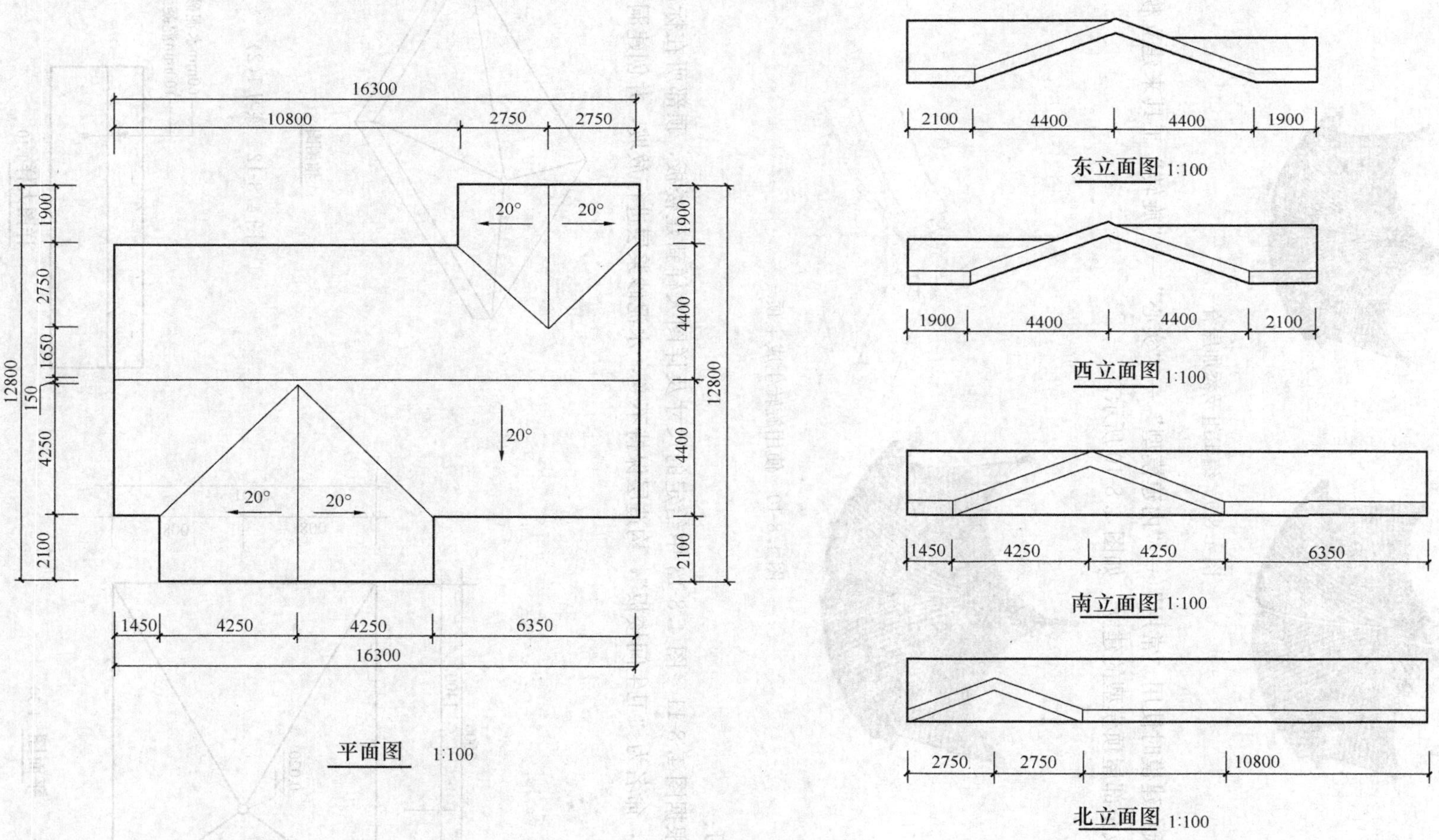

图 4.8-14 练习 2

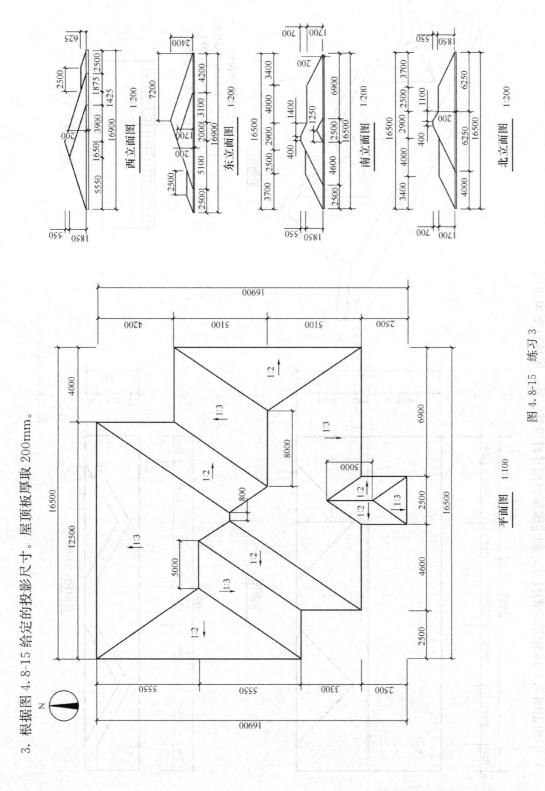

3. 根据图 4.8-15 给定的投影尺寸。屋顶板厚取 200mm。

图 4.8-15 练习 3

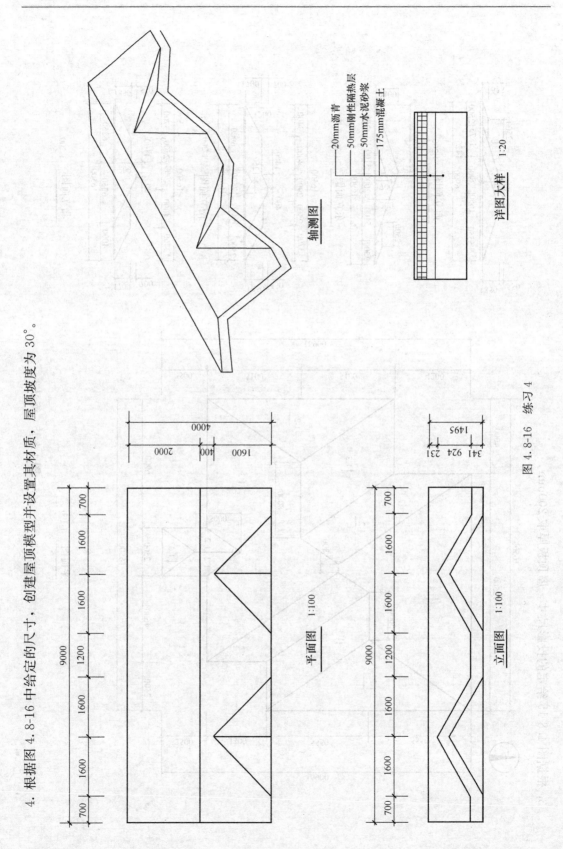

4. 根据图 4.8-16 中给定的尺寸，创建屋顶模型并设置其材质，屋顶坡度为 30°。

轴测图

20mm沥青
50mm刚性隔热层
50mm水泥砂浆
175mm混凝土

详图大样 1:20

平面图 1:100

立面图 1:100

图 4.8-16 练习 4

5 楼梯、坡道、拉杆

5.1 构件楼梯

要创建基于构件的楼梯，将在楼梯部件编辑模式下添加常见和自定义绘制的构件。

在楼梯部件编辑模式下，可以直接在平面视图或三维视图中装配构件。平铺视图可以为您在进行装配时提供完整的楼梯模型全景。

一个基于构件的楼梯包含以下内容：

梯段：直梯、螺旋梯段、U 形梯段、L 形梯段、自定义绘制的梯段。如图 5.1-1 所示。

平台：在梯段之间自动创建，通过拾取两个梯段，或通过创建自定义绘制的平台。如图 5.1-2 所示。

支撑（侧边和中心）：随梯段自动创建，或通过拾取梯段或平台边缘创建。如图 5.1-3 所示。

图 5.1-1 楼梯的分类　　　　图 5.1-2 楼梯平台　　　　图 5.1-3 楼梯支撑

虽然楼梯部件中的构件都是独立的，但彼此之间也有智能关系，以支持设计意图。例如，如果从一个梯段中删除台阶，则会向连接的梯段添加台阶，以保持整体楼梯高度。

因为楼梯是由构件所构建，所以可以分别控制各个零件。如图 5.1-4 所示。

使用基本的通用梯段构件工具可以创建以下类型的梯段：

（1）直梯如图 5.1-5 所示。

 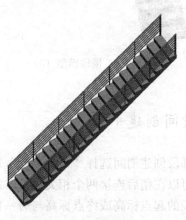

图 5.1-4 楼梯模型（1）　　　　图 5.1-5 楼梯模型（2）

（2）全踏步螺旋梯段（到达下一楼层的实际梯面数，可以大于 360°）。如图 5.1-6 所示。

（3）圆心-端点螺旋梯段（小于 360°）。

（4）L 形斜踏步梯段。如图 5.1-7、图 5.1-8 所示。

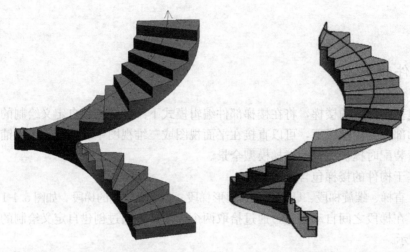

图 5.1-6　楼梯模型（3）　　　　　　图 5.1-7　楼梯模型（4）

（5）U 形斜踏步梯段。如图 5.1-9 所示。

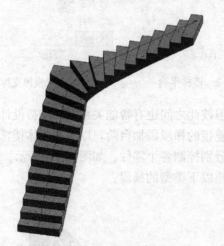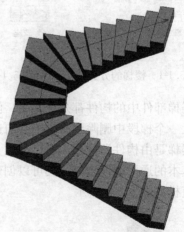

图 5.1-8　楼梯模型（5）　　　　　　图 5.1-9　楼梯模型（6）

5.2　梯段间创建平台

可以在梯段创建期间选择"自动平台"选项以自动创建连接梯段的平台。如果不选择此选项，则可以在稍后连接两个相关梯段，条件是两个梯段在同一楼梯部件编辑任务中创建。一个梯段的起点标高或终点标高与另一梯段的起点标高或终点标高相同。如图 5.2-1 所示。

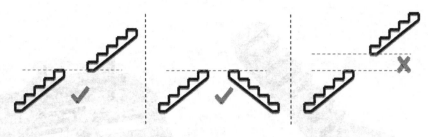

图 5.2-1　楼梯间创建平台（1）

使用"拾取两个梯段"平台工具创建平台的行为类似于在梯段创建期间自动创建平台。如果梯段位置或尺寸发生变化，将自动重塑平台。

确认已在楼梯部件编辑模式下。如果需要，选择楼梯，然后在"编辑"面板上，单击"编辑楼梯"。在"构件"面板上，单击"平台"。在"绘制"库中，单击"拾取两个梯段"。选择第一个梯段和第二个梯段，将自动创建平台以连接这两个梯段。在"模式"面板上，单击"完成编辑模式"。如图 5.2-2 所示。

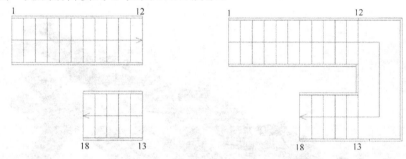

图 5.2-2　楼梯间创建平台（2）

5.3　楼梯类型属性

现场浇注楼梯：整体梯段和整体平台（有踏板和无踏板的示例）。如图 5.3-1～图 5.3-5所示。

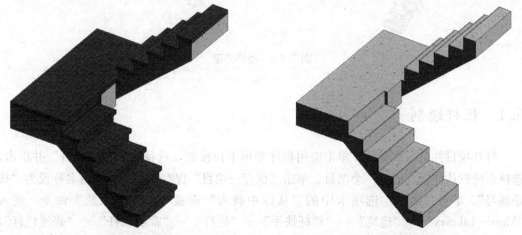

图 5.3-1　浇筑楼梯：铺装楼梯　　　　　图 5.3-2　浇筑楼梯：混凝土楼梯

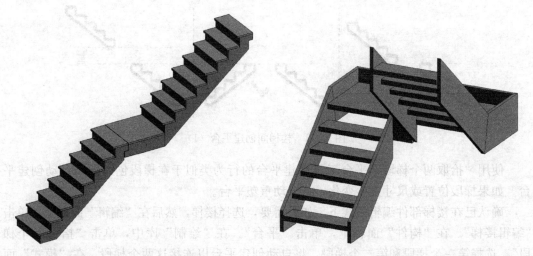

图 5.3-3　预制楼梯：开槽连接　　　图 5.3-4　装配楼梯：木质楼梯

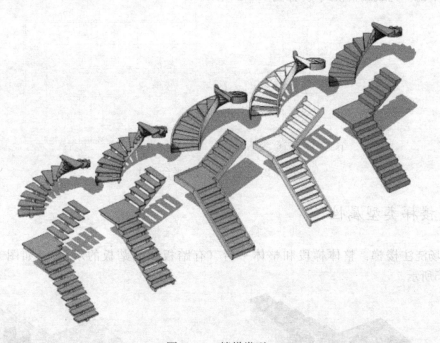

图 5.3-5　楼梯类型

5.4　栏杆绘制

打开项目并载入族文件：单击应用程序菜单下拉按钮，选择"新建—项目"并单击，选择系统默认样板，创建一个项目。单击"保存—项目"保存项目，将项目名称设为"扶手练习"。单击"插入"选项卡中的"从库中载入"面板中的"载入族"命令，进入"Metric Library"—"建筑"—"栏杆扶手"—"栏杆"—"常规栏杆"—"普通栏杆"，选择文件夹中的"栏杆-自定义 3. rft"，"栏杆-自定义 4. rft"，"栏杆嵌板 1. rft"，"支柱-

正方形"，"支柱-中心柱.rft"，载入项目中。

进入"F1"楼层平面视图，单击"建筑"选项卡中的"楼梯坡道"面板下的"栏杆扶手"命令，进入扶手绘制草图模式。单击"绘制"面板中的"线"工具，勾选选项栏中的"链"选项，绘制扶手线。如图5.4-1所示。

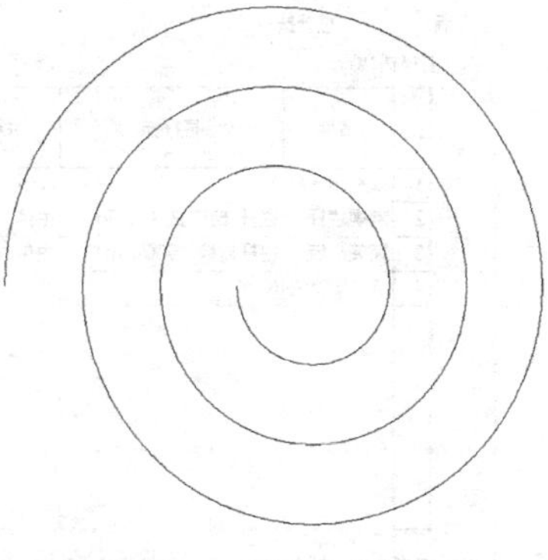

单击"属性"面板中的"编辑类型"，打开"类型属性"对话框，在"类型属性"对话框中，单击"复制"，创建一个名称为"扶手1"的扶手。在"类型属性"对话框中，单击"扶手结构"后的"编辑"按钮，打开"编辑扶手"对话框。设置如下：

图 5.4-1　绘制栏杆路径

将"扶手1"的"名称"设为"顶部"，偏移值设为"－25"，"轮廓"设为"扶手圆形：直径40mm"，"材质"为"金属-油漆涂料"。

单击"插入"命令，插入一个"名称"为"新建扶手（1）"的扶手，将"新建扶手（1）"的名称设为"底部"，"高度"设为"300"，"偏移值"为"－25"，扶手轮廓为"扶手圆形：直径40mm"，"材质"为"金属-油漆涂料"。如图5.4-2所示。

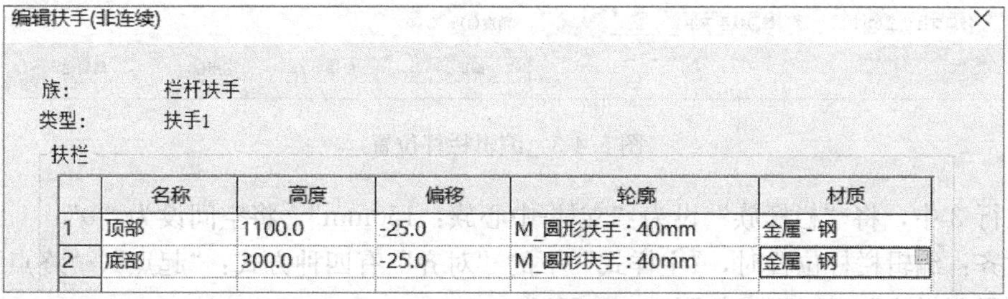

编辑扶手(非连续) ✕

族：　　栏杆扶手
类型：　扶手1

扶栏

	名称	高度	偏移	轮廓	材质
1	顶部	1100.0	-25.0	M_圆形扶手：40mm	金属 - 钢
2	底部	300.0	-25.0	M_圆形扶手：40mm	金属 - 钢

图 5.4-2　编辑扶手属性

编辑完毕后确定，单击"栏杆位置"后的"编辑"按钮，打开"编辑扶手"对话框。设置如下：

在"主样式"下行2中，将"栏杆族"设为"栏杆-自定义3：25mm"，将"底部"设为"主体"，将"相对前一栏杆的距离"设为"380"。

单击右边的"复制"命令，在"主样式"中复制"常规栏杆"，将其名称改为"玻璃嵌板"，将"栏杆族"设为"栏杆嵌板1：600玻璃"，将"底部"设为"顶部"，将"相对前一栏杆的距离"设为"380"。

将行4的"相对前一栏杆的距离"设为"230"。

将"对齐方式"设为"起点"，超出"长度填充"为"无"，并取消勾选"楼梯上每个踏板都是用栏杆"。

在"支柱"下行1中，将"栏杆族"设为"支柱-中心柱：150mm"，将空间设为"0"。如图5.4-3所示。

在行2中，将"栏杆族"设为"支柱-正方形，带球：150mm"，将顶部偏移设为"50"。

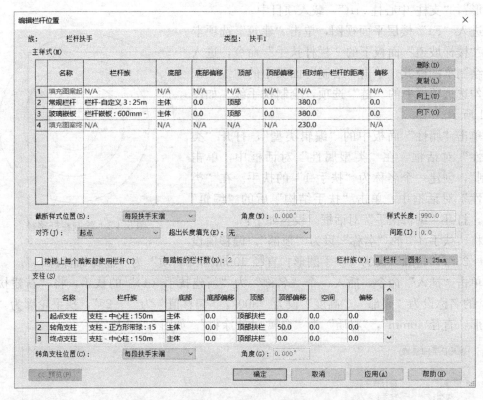

图 5.4-3　编辑栏杆位置

在行 3 中，将"栏杆族"设为"支柱-中心族：150mm"，将空间设为"0"。

对齐：编辑栏杆位置时，"主样式"下的"对齐"有四种方式："起点"、"终点"、"中心"、"展开样式"以匹配。如图 5.4-4 所示。

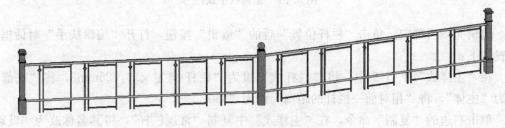

图 5.4-4　栏杆位置样式

打开"西立面"视图，分别按上述顺序设置"对齐"方式。将"对齐"方式设为"起点"。"起点"表示样式始于扶手段的始端。如果样式长度不是恰为扶手长度的倍数，则最后一个样式实例和扶手段末端之间则会出现多余间隙。如图 5.4-5 所示。

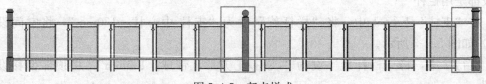

图 5.4-5　起点样式

将"对齐"方式设为"终点"。"终点"表示样式始于扶手段的末端。如果样式长度不是恰为扶手长度的倍数，则最后一个样式实例和扶手段始端之间则会出现多余间隙。如图 5.4-6 所示。

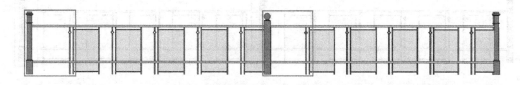

图 5.4-6 终点样式

将"对齐"方式设为"中心"。"中心"表示第一个栏杆样式位于扶手段中心，所有多余间隙均匀分布于扶手段的始端和末端。如图 5.4-7 所示。

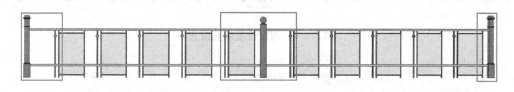

图 5.4-7 中心样式

将"对齐"方式设为"展开样式以匹配"。"展开样式以匹配"表示沿扶手段长度方向均匀扩展样式。不会出现多余间隙，且样式的实际位置值不同于"样式长度"中指示的值。如图 5.4-8 所示。

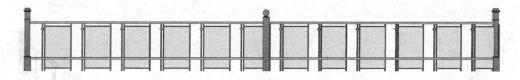

图 5.4-8 展开样式

查看截断样式超出长度填充选项：将"编辑栏杆位置"对话框的"主样式"下，"对齐"方式设为"起点"，将"超出长度填充"设为"截断样式"。

查看带指定间距的自定义栏杆超出长度填充选项：将"编辑栏杆位置"对话框的"主样式"下，"对齐"方式设为"起点"，将"超出长度填充"设为"栏杆-自定义3：25mm"，将"间距"设为"150"。此时，超出长度填充区域的栏杆延伸到了底部扶手下面，并且不能为超出长度填充栏杆指定基准顶部和底部偏移参数。如图 5.4-9 所示。

查看支柱选项：在"编辑栏杆位置"对话框的"主样式"下，将"超出长度填充"设为"截段样式"，在"支柱"下，将"转角支柱位置"设为"角度大于"，并输入"54"作为"角度"。由于绘制的扶手角度为 45°，小于 54°，因此不会出现转角支柱。效果如图 5.4-10 所示。同理，若将"转角支柱位置"设为"角度大于"，输入"25"作为"角度"，则会出现转角支柱。

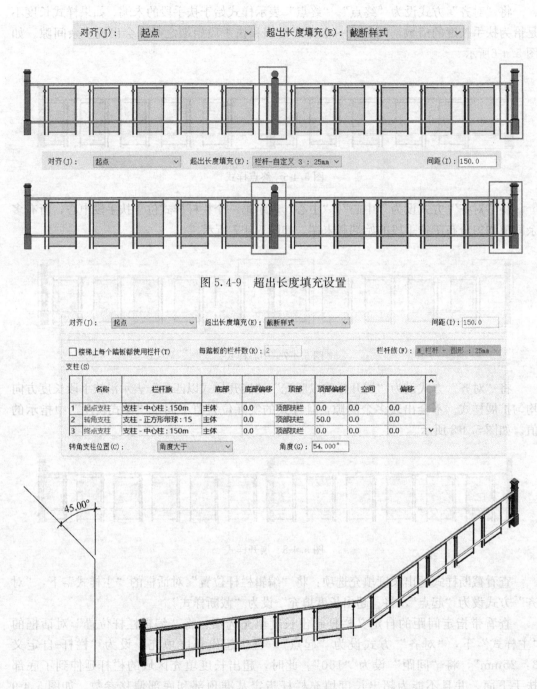

图 5.4-9　超出长度填充设置

图 5.4-10　支柱设置

指定最终的扶手布局：在"编辑栏杆位置"对话框的"主样式"下，执行下列操作：在行 2 中，将"相对前一栏杆的距离"改为"0"。在行 4 中，将"相对前一栏杆的距离"改为"380"，将"对齐"方式设为"展开样式以匹配"。在"支柱"下，选择"每段扶手末端"作为"转角支柱位置"。此时，扶手达到美观效果如图 5.4-11、图 5.4-12 所示。

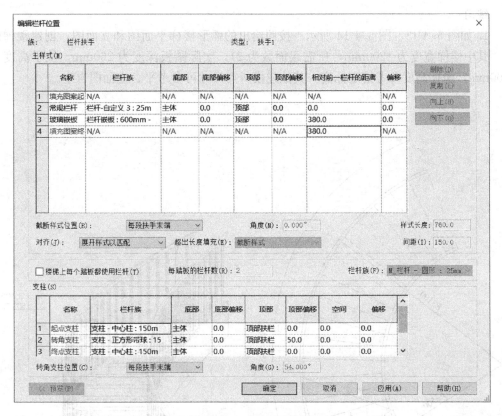

图 5.4-11　栏杆位置设置

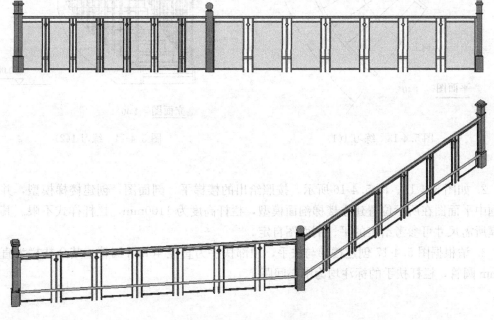

图 5.4-12　栏杆模型样式

练习：

1. 如图 5.4-13、图 5.4-14 所示。按照给出的弧形楼梯平面图和立面图，创建楼梯模型，其中楼梯宽度为 1200mm，所需踢面数为 21，实际踏板深度为 260mm，扶手高度为 1100mm，楼梯高度参考给定标高，其他建模所需尺寸可参考平、立面图自定。

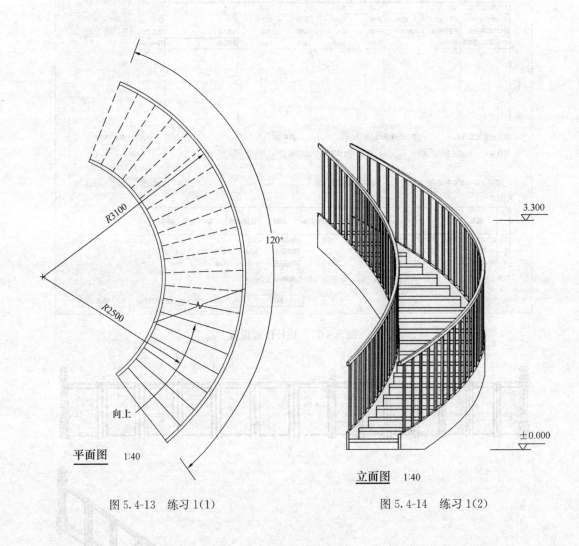

图 5.4-13　练习 1(1)　　　　　　　　图 5.4-14　练习 1(2)

2. 如图 5.4-15、图 5.4-16 所示。按照给出的楼梯平、剖面图，创建楼梯模型，并参照题中平面图在所示位置建立楼梯剖面模型，栏杆高度为 1100mm，栏杆样式不限。其他建模所需尺寸可参考给定的平、剖面图自定。

3. 请根据图 5.4-17 创建楼梯与扶手，顶部扶手为直径 40mm 圆管，其余扶栏为直径 30mm 圆管，栏杆扶手的标注均为中心间距。

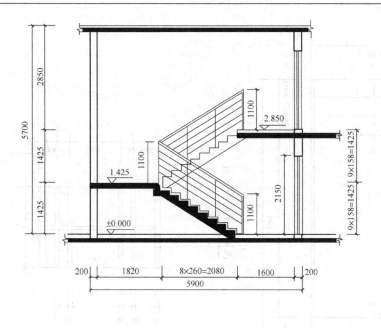

<u>楼梯1–1剖面图</u>   1:100

图 5.4-15   练习 2(1)

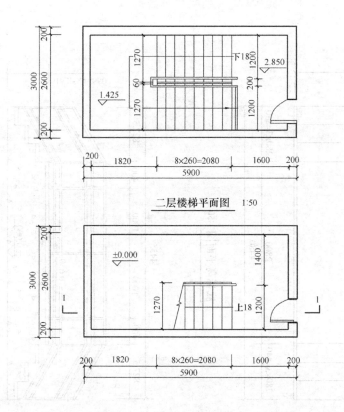

<u>二层楼梯平面图</u>   1:50

<u>一层楼梯平面图</u>   1:50

图 5.4-16   练习 2(2)

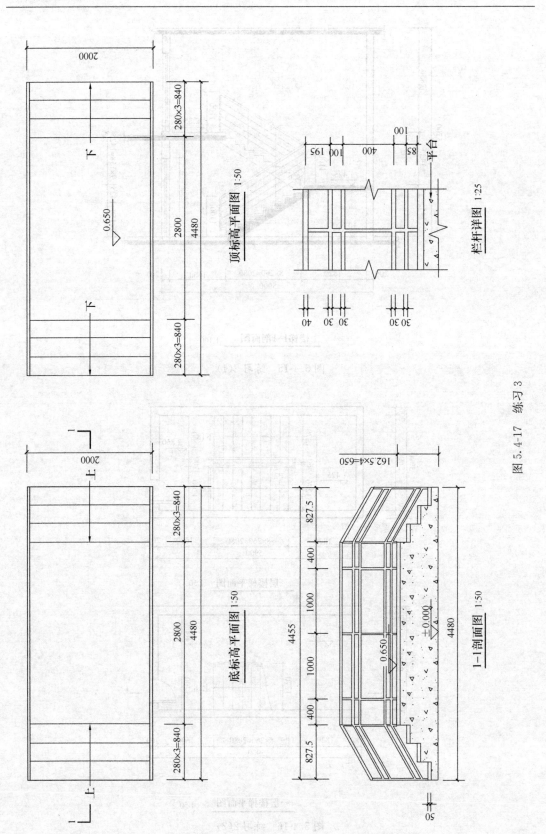

图 5.4-17 练习 3

6 工 作 平 面

6.1 工作平面

工作平面是一个用作视图或绘制图元起始位置的虚拟二维表面。每个视图都与工作平面相关联。例如，平面视图与标高相关联，标高为水平工作平面；立面视图与垂直工作平面相关联。

工作平面的用途如下：作为视图的原点、绘制图元、在特殊视图中启用某些工具（例如在三维视图中启用"旋转"和"镜像"）、用于放置基于工作平面的构件。如图 6.1-1、图 6.1-2 所示。

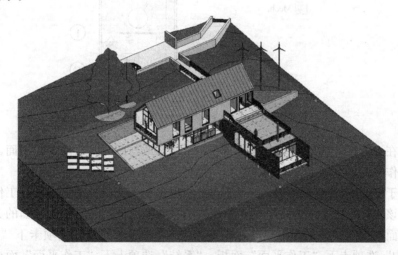

图 6.1-1　工作平面的使用（1）

在某些视图（如平面视图、三维视图和绘图视图）以及族编辑器的视图中，工作平面是自动设置的。在其他视图（如立面视图和剖面视图）中，则必须设置工作平面。

在视图中设置工作平面时，则工作平面与该视图一起保存。可以根据需要修改工作平面。执行绘制操作（如创建拉伸屋顶），必须使用工作平面。绘制时，可以捕捉工作平面网格，但不能相对于工作平面网格进行对齐或尺寸标注。

基于工作平面的族或不基于标高的图元（基于主体的图元），将与某个工作平面关联。工作平面关联可控制图元的移动方式以及其主体移动的时间。创建图元时，它将继承视图的工作平面，随后对视图工作平面所做的修改不会影响该图元。如图 6.1-3 所示。

将几何图形与工作平面关联，以使几何图形能够正确移动是十分重要的。例如，通过工作平面将图元与其主体关联。主体移动时，图元也附之移动。

大多数图元都具有名为"工作平面"的只读实例参数，该参数将标识图元的当前工作

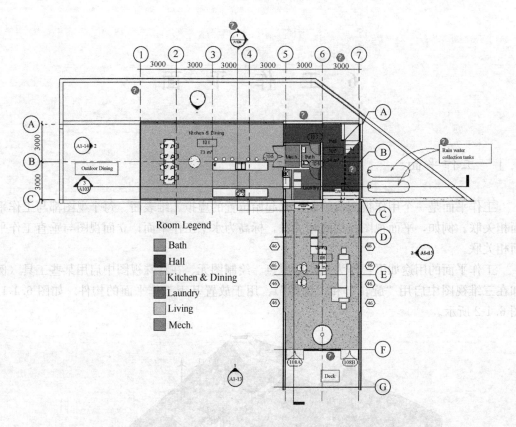

图 6.1-2 工作平面的使用 (2)

平面。可以在"属性"选项板上查看该属性。可以修改与图元关联的工作平面,也可以取消图元与工作平面的关联。

某些基于草图的图元(如楼梯、楼板、迹线屋顶和天花板)都是在某个工作平面上绘制的,但是该工作平面必须为一个层,不能取消这些图元类型与其工作平面的关联。

工作平面在视图中显示为网格。在功能区上,单击;"建筑"选项卡下"工作平面"面板;"结构"选项卡下"工作平面"面板;"系统"选项卡下"工作平面"面板;"创建"选项卡下"工作平面"面板。如图 6.1-4 所示。

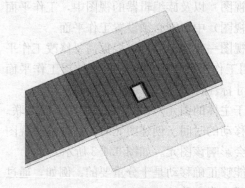

图 6.1-3 工作平面的使用 (3)

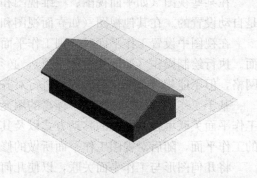

图 6.1-4 工作平面的使用 (4)

6.2 调整工作平面

使用该工具选择一个不与现有工作平面平行的工作平面。在视图中选择基于工作平面的图元。

单击"修改 |〈图元〉"选项卡下"工作平面"面板,编辑工作平面。

> 提示:使用"编辑工作平面"选项时,新的工作平面必须平行于现有的工作平面。如果需要选择不平行于现有工作平面的工作平面,请使用"拾取新的工作平面"选项。在"工作平面"对话框中,选择另一个工作平面。

名称——从列表中选择一个可用的工作平面,然后单击"确定"。列表中包括标高、网格和已命名的参照平面。

拾取一个平面——Revit 会创建与所选平面重合的平面。选择此选项并单击"确定"。然后将光标移动到绘图区域上以高亮显示可用的工作平面,再单击以选择所需的平面。可以选择任何可以进行尺寸标注的平面,包括墙面、连接模型中的面、拉伸面、标高、网格和参照平面。

拾取线并使用绘制该线的工作平面——Revit 可创建与选定线的工作平面共面的工作平面。选择此选项并单击"确定"。然后将光标移动到绘图区域上以高亮显示可用的线,再单击以选择。

拾取一个新主体——仅在绘图区域中选择基于工作平面的图元后,此选项才显示。选择此选项并单击"确定"。在"修改 |〈图元〉"选项卡下"放置"面板上,选择所需的选项:"垂直面"、"面"或"工作平面"。然后将光标移动到绘图区域上以高亮显示可用的图元主体,再单击以选择所需的主体。如果需要,在工作平面上重新定位图元。

6.3 查看器

使用"工作平面查看器"可以修改模型中基于工作平面的图元。工作平面查看器提供一个临时性的视图,不会保留在"项目浏览器"中。此功能适用于编辑形状、放样和放样融合中的轮廓。可从项目环境内的所有模型视图中使用工作平面查看器。默认方向为上一个活动视图的活动工作平面。以下步骤中的样例图像使用此放样作为起点。如图 6.3-1 所示。

用工作平面查看器编辑选择一个工作平面或图元轮廓。如图 6.3-2 所示。

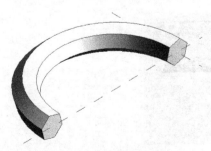

图 6.3-1 工作平面查看器

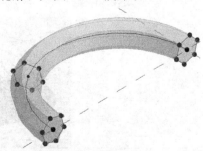

图 6.3-2 修改图元轮廓

选择"修改 | 〈 图元 〉"选项卡下"工作平面"面板,"工作平面查看器"将打开,并显示相应的二维视图。如图 6.3-3 所示。

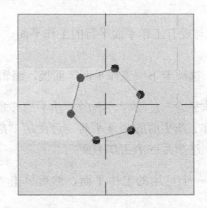

图 6.3-3　显示二维视图

根据需要编辑模型。如图 6.3-4 所示。

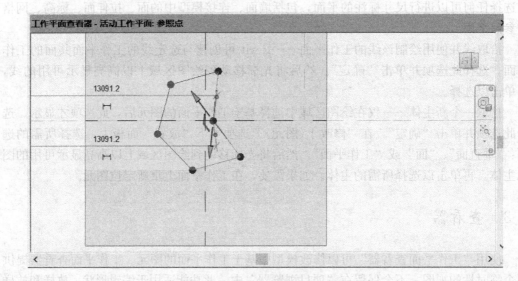

图 6.3-4　编辑模型

当在项目视图或"工作平面查看器"中进行更改时,其他视图会实时更新。如图 6.3-5 所示。

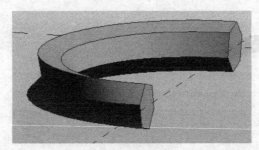

图 6.3-5　模型更改

6.4　工作平面网格

使用工作平面时，可以更改工作平面网格的间距、调整网格大小和旋转网格。如有必要，请单击"显示"以显示工作平面。

提示：单击工作平面的边界，以便将其选中。

执行下列步骤之一：

修改网格间距：在选项栏上为"间距"输入一个值，以指定网格线之间的所需距离。如图 6.4-1 所示。

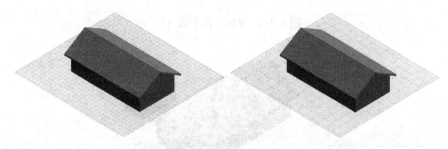

图 6.4-1　工作平面网格

调整大小并移动网格：要移动网格，请拖动网格的一个边。要调整网格大小，请拖动夹点。如图 6.4-2 所示。

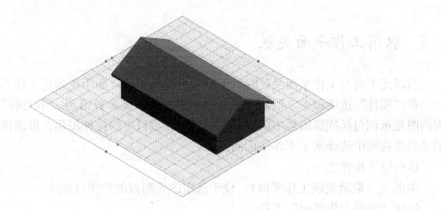

图 6.4-2　调整工作平面大小

旋转网格：单击"修改 | 工作平面网格"选项卡下"修改"面板，然后旋转网格。有关完整的说明，请参见旋转图元。如图 6.4-3 所示。

旋转工作平面网格时，新方向将影响构件的放置，并影响墙和线的矩形绘制选项。例如，如果旋转工作平面网格，然后放置构件，那么构件会与工作平面网格处于相同角度的方向。如果使用矩形选项创建墙链，则只能在工作平面网格方向上创建。如图 6.4-4 所示。

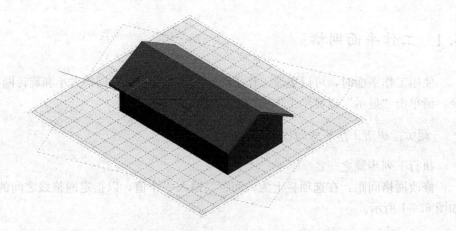

图 6.4-3 旋转工作平面（1）

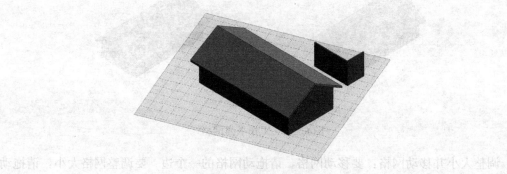

图 6.4-4 旋转工作平面（2）

6.5 取消工作平面关联

当图元不再与工作平面关联时，可以自由移动图元，而不用考虑工作平面。

在"属性"选项板中，取消关联的图元的工作平面参数值为"不关联"。基于工作平面的图元示例包括族编辑器中的实心几何图形和项目中的拉伸屋顶。取消图元与工作平面的关联在视图中选择基于工作平面的图元。

执行以下操作之一：

单击 ⌧ （取消关联工作平面），位于选定图元附近的绘图区域中。

使用"编辑工作平面"工具：

单击"修改 |〈图元〉"选项卡下"工作平面"面板。

在"工作平面"对话框中，单击"取消关联"。如果"取消关联"按钮显示为灰色，则图元当前与工作平面不关联，或者它不是基于工作平面的图元（它可能是基于面的图元。）。

要将图元与工作平面重新关联，请使用"编辑工作平面"工具指定新的工作平面。

6.6 构件放置

打开适用于要放置的构件类型的项目视图。例如，可以在平面视图或三维视图中放置桌子，但不能在剖面视图或立面视图中放置。

在功能区上，单击下列选项之一：

"建筑"选项卡下"构建"面板，"放置构件"；

"结构"选项卡下"模型"面板中"构件"下拉列表"放置构件"；

"系统"选项卡下"模型"面板中"构件"下拉列表"放置构件"。

在"属性"选项板顶部的"类型选择器"中，选择所需的构件类型。

如果所需的构件族尚未载入到项目中，请单击"修改 | 放置构件"选项卡下"模式"面板中"载入族"。之后，在"载入族"对话框中定位到适当的类别文件夹，选择族，然后单击"打开"以将该族添加到类型选择器。

如果选定构件族已定义为基于面或基于工作平面的族（请参见此过程后面的"注意"部分），请在"修改 | 放置构件"选项卡下"放置"面板上单击下列选项之一："放置在垂直面上"，此选项仅用于某些构件；"仅允许放置在垂直面上"，此选项允许在面上放置，且与方向无关。如图 6.6-1 所示。

放置在工作平面上。此选项要求在视图中定义活动工作平面（请参见显示视图的工作平面）。可以在工作平面上的任何位置放置构件。如图 6.6-2 所示。

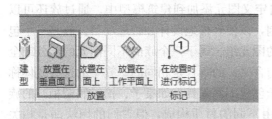

图 6.6-1　放置在垂直面上

图 6.6-2　放置在工作平面上

在绘图区域中，移动光标直到构件的预览图像位于所需位置。如果要修改构件的方向，请按空格键以通过其可用的定位选项旋转预览图像。当预览图像位于所需位置和方向后，单击以放置构件。放置构件后，可以指定当附近墙移动时该构件移动。

　　提示：构件的放置方式取决于构件族的最初定义方式，即构件拾取须基于平面的族。如图 6.6-3 所示。

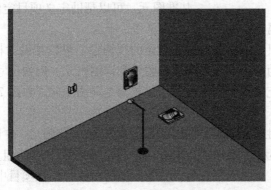

图 6.6-3　基于平面的构件族

7 族

7.1 族的概念

　　族，是 Revit 软件中的一个非常重要的构成要素。掌握族的概念和用法至关重要。正是因为族的概念的引入，我们才可以实现参数化设计。比如在 Revit 中我们可以通过修改参数，从而实现修改门窗的宽度、高度或材质等。也正是因为族的开放性和灵活性，使我们在设计时可以自由定制符合我们设计需求的注释符号和三维构件族等。从而满足建筑师应用 Revit 软件的本地标准定制的需求。

　　所有添加到 Revit Architecture 项目中的图元都是使用族创建的。通过使用预定义的族和在 Revit 中创建族，可以将标准图元和自定义图元添加到建筑模型中。通过族还可以对用法和行为类似的图元进行某种级别的控制，以便轻松地设计和管理项目。族是一个包含通用属性（称作参数）集和相关图形表示的图元组。属于一个族的不同图元的部分或全部参数可能有不同的值，但是参数（其名称与含义）的集合是相同的。族中的这些变体称作族类型或类型。例如"家具族"包含可用于创建不同家具（如桌子、椅子和橱柜）的族和族类型。尽管这些族工具有不同的用途并由不同的材质构成，但它们的用法却是相关的。族中的每一类型都具有相关的图形和一组形式相同的参数，称作族类型参数。

图 7.1-1　建筑图元

　　在 Revit 中是通过在设计过程中添加图元来创建建筑模型的。Revit 图元有三种，分别是建筑图元、基准图元、视图专有图元。

　　建筑图元：表示建筑的实际三维几何图形，它们显示在模型的相关视图中。建筑图元又分为两种，分别是主体图元和模型建筑图元。例如墙、屋顶等都属于主体图元，窗、门、橱柜等都属于模型构建图元。如图 7.1-1 所示。

　　基准图元：可以帮助定义项目定位的图元。例如标高、轴网和参照平面等都属于基准图元。如图 7.1-2 所示。

　　视图专有图元：只显示在放置这些图元的视图中，可以帮助对模型进行描述或归档。视图专有图元也可分为两种，分别是注释图元和详图图元。例如尺寸标注、标记等都是注释图元，详图线、填充区域和二维详图构建等都是详图图元。如图 7.1-3 所示。

　　(1) 类别

　　类别是以建筑构件性质为基础，对建筑模型进行归类的一组图元。在 Revit 项目和样板中所有正在使用或可用的族都显示在项目浏览器中的"族"下，并按图元类别分组。如图 7.1-4 所示。

　　展开"窗"类别，可以看到它包含一些不同的窗族。在该项目中创建的所有窗都将属于这些族中的某一个。如图 7.1-5 所示。

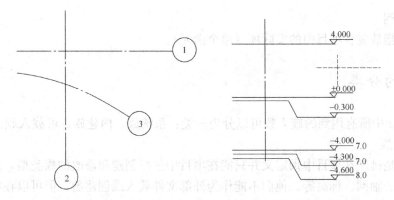

图 7.1-2 基准图元

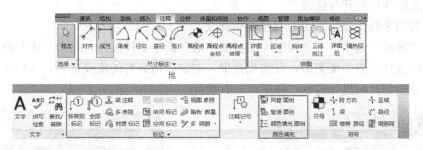

图 7.1-3 视图专有图元

(2) 类型

族可以有多个类型，类型用于表示同一族的不同参数值，例如某个"推拉窗"包含"C0624"、"C0625"、"C0825"、"C0823"四种不同类型。如图 7.1-6 所示。

图 7.1-4 族类别（1）

图 7.1-5 族类别（2）

图 7.1-6 族类型

（3）实例

实例是指放置在项目中的实际项（单个图元）。

7.2 族的分类

在 Revit 中所有用到的族大致可以分为三类：系统族、内建族、可载入族。

1. 系统族

系统族是已经在项目中预定义并只能在项目中进行创建和修改的族类型，例如墙、楼板、天花板、轴网、标高等。他们不能作为外部文件载入或创建剪，但可以在项目和样板间复制、粘贴或者传递系统族类型。

（1）系统族的创建与修改

以墙为例来具体介绍系统的创建检和修改：

单击"常用"选项卡下"构建"面板中"墙"命令下拉按钮，点击"墙"命令，在属性对话框中选择需要的墙类型，在选项栏里，制定任何必要的值或选项，然后在视图中创建墙体，在绘制区域进行绘制。如图 7.2-1 所示。

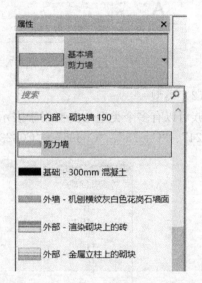

图 7.2-1　系统族

选中一面墙，打开"属性"对话框中"类型属性"对话框，点击"复制"，在"名称"栏输入"挡土墙 2"，点击"确定"新建墙类型。若要修改墙体结构，点击"结构"中"编辑"，打开"编辑部件"对话框，我们可以通过在"层"中插入构造层来修改墙体的构造。如图 7.2-2 所示。

（2）在项目或样板之间复制系统族类型

如果仅需要将几个系统族类型载入到项目或样板中，步骤如下：

打开包含要复制的系统族类型的项目或样板，在打开要将类型粘贴到其中的项目，选择要复制的类型，单击"修改墙"上下文选项卡中"剪贴板"面板下的"复制"命令。单击"视图"选项卡中"窗口"面板的"切换窗口"命令，选择项目中要将族类型粘贴到其

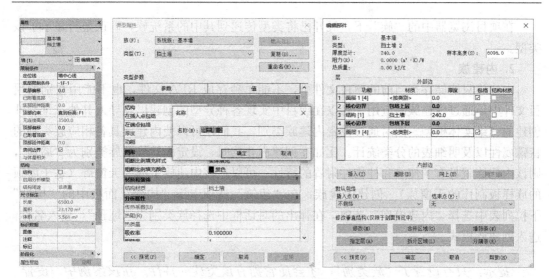

图 7.2-2 定义类型属性

中的视图。单击"修改墙"上下文选项卡中"剪贴板"面板的"粘贴"命令。此时系统族类型将被添加到另一个项目中，并显示在项目浏览器中。如图 7.2-3 所示。

 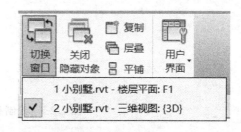

图 7.2-3 复制族类型

（3）在项目或样板之间传递系统族类型

如果要传递许多系统族类型或系统设置（例如需要创建新样板时），步骤如下：

分别打开要从中传递系统类型的项目和要将系统族类型传递到项目中的项目，单击"管理"选项卡中"项目设置"面板的"传递项目标准"命令，弹出"选择要复制的项目"对画框，将要从中传递族类型的项目的名称作为"复制自"。该对话框中列出了所有课程项目中传递的系统族类型，要传递所有系统族类型，请单击"确定"。要仅传递选择的类型，请点击"放弃全部"，接着只要选择想要传递的类型，然后单击"确定"。如图 7.2-4 所示。

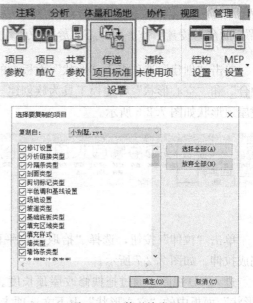

图 7.2-4 传递族类型

在项目浏览器中的"族"下，展开已将类型传递到其中的系统族，确认是否显示了该类型。

2. 内建族

内建族只能储存在当前的项目文件里，不能单独存成 RFA 文件，也不能用在别的项目文件中。通过内建族的应用，可以在项目中实现各种异型的创建以及导入其他三维软件创建的三维实体模型。同时通过设置内建族类别，我们还可以使内建族具备相应族类别的特殊属性以及明细表的分类统计。比如在创建内建族时，设定内建族的族类别为"屋顶"，则该内建族就具有了使墙和柱构件附着的特性；可以在该内建族上插入天窗等（基于屋顶的族样板制作的天窗族）。创建内建族，在"建筑"选项卡下"构建"面板中的"构件"下拉列表中选择"内建模型"选项，在弹出的对话框中选择族类别为"屋顶"，输入名称，进入创建族模式。

> 提示：只有设置了"族类别"，才会使它拥有该类族的特性。在该案例中，设置"族类别"为屋顶才能使它拥有让墙体"附着/分离"的特性等。

通过设置工作平面进入到西立面视图，绘制 4 条参照平面如图 7.2-5 所示。

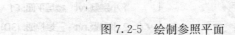

图 7.2-5 绘制参照平面

> 提示：一般情况需要在立面上绘制拉伸轮廓时，首先在标高视图上通过"设置工作平面"命令来拾取一个面进入到立面视图中绘制。此案例可以在标高视图中绘制一条参照平面作为设置工作平面时需要拾取的面。

单击"创建"选项卡下"形状"面板上的"拉伸"、"融合"、"旋转"、"放样"、"放样融合"和"空心形状"等建模工具为族创建三维实体和洞口，此案例使用"拉伸"工具创建屋顶形状如图 7.2-6 所示。

图 7.2-6 建模工具

单击"拉伸"按钮，选择"拾取一个平面"，转到试图"立面：北"绘制屋顶形状，完成拉伸。如图 7.2-7 所示。

进入 3D 视图，通过拖拽修改屋顶长度。单击"在位编辑"，选择"创建"选项卡下"形状"面板中的"空心形状"上下文选项卡中"空心拉伸"命令，绘制洞口，完成空心

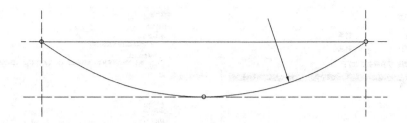

图 7.2-7 绘制模型轮廓

形状，点击完成。单击几何图形中的"剪切"上下文选项卡中"剪切几何图形"为屋顶开洞，完成效果。如图 7.2-8 所示。

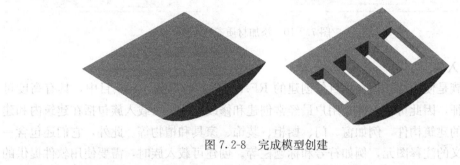

图 7.2-8 完成模型创建

为几何图形指定材质，设置其可见性/图形替换。在模型编辑状态下单击选择屋顶，在"属性"面板上设置其材质及可见性。如图 7.2-9 所示。

属性	✕
其他 (1)	🔲 编辑类型
限制条件	⌃
拉伸终点	0.0
拉伸起点	8300.0
工作平面	参照平面
图形	⌃
可见	☑
可见性/图形替换	编辑...
材质和装饰	⌃
材质	金属 - 钢
标识数据	⌃
子类别	无

图 7.2-9 设置材质

提示：在"属性"面板中直接选择材质时，在完成模型后材质不能在项目中来调整；如果需要材质能在项目中做调整，那么单击材质栏后的矩形按钮添加"材质参数"。如图 7.2-10 所示。

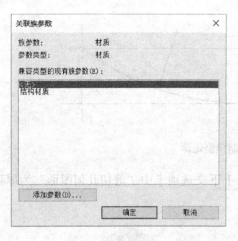

图 7.2-10　添加材质参数

3. 可载入族

可载入族是使用族样板在项目外创建的 RFA 文件，可以载入到项目中，具有高度可自定义的特征，因此可载入族是用户最经常创建和修改的族。可载入族包括在建筑内和建筑周围安装的建筑构件，例如窗、门、橱柜、装饰、家具和植物等。此外，它们还包含一些常规自定义的注释图元，例如符号和标题栏等。创建可载入族时，需要使用软件提供的族样板，样板中包含有关要创建的族的信息。

标准构件族在项目中的使用：

单击"插入"选项卡选择"从库中载入"面板中"载入族"命令，选择所需要的族载入项目中。如图 7.2-11 所示。

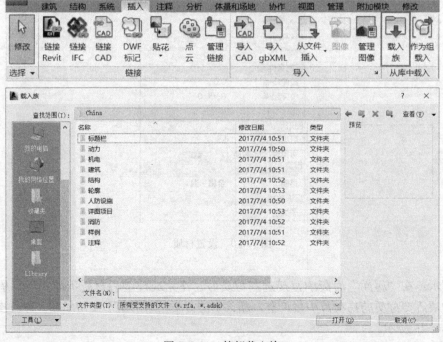

图 7.2-11　外部载入族

将所需要的构建族载入项目后，可直接在"常用"选项卡下"构件"面板中选择该类别的构件，再选取载入的类型，添加到项目中。还可以打开项目浏览器，选中载入的族直接拖到所要添加的位置。鼠标单击项目中的构件族，在"属性"对话框下直接修改实例属性，点击"属性"对话框中"类型属性"命令修改类型参数。

7.3 族的重要性及其应用

系统族和标准构件族是样板文件的重要组成部分，而样板文件是设计的工作环境设置，对软件的应用至关重要。标准构件族中的注释与构件族参数设置以及明细表之间的关系密不可分。

1. 族的粗略显示与精细显示

以窗族的图元可见性和详细程度设置来说明族的设置与建筑设计表达的关系。在进行建筑设计时，平面图中的窗显示样式要按照设计规范来要求。针对设计规范，Revit 为设计师们提供了图元可见性和详细程度设置，是窗族在项目文件中的实例分别在"粗略"和"精细"详细程度下的平面视图和立面视图。由此可以看出 Revit 中族的设置与建筑设计表达是紧密相连的。如图 7.3-1、图 7.3-2 所示。

粗略显示：　　　　　　　　　　　　　精细显示：

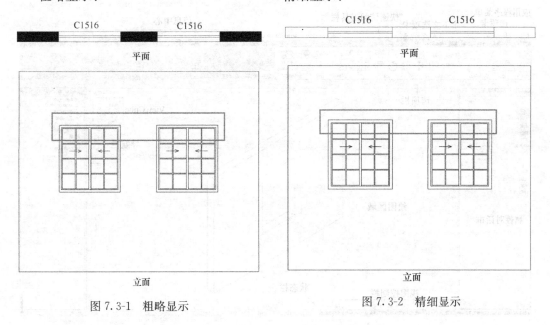

图 7.3-1　粗略显示　　　　　　　图 7.3-2　精细显示

2. 异型形体的在位创建、内建族、体量族

内建族的创建已经提到过可以是我们在项目中创建异型形体。体量族空间提供了三维标高等工具并预设了两个垂直的三维参照面，为创建异型提供了很好的环境。

3. 族的实用性和易用性对设计效率提升的关系

以万能窗的应用为例。通过创建一个万能窗族，载入到项目后，对其参数（材质参数、竖梃相关参数。窗套的相关参数）进行修改，可得到多种多样的窗，为设计师提供很大方便。如图 7.3-3 所示。

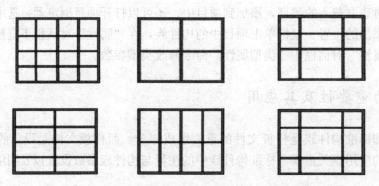

图 7.3-3　修改参数创建不同类型的族

7.4　族编辑器

1. 族编辑器界面

以窗族界面为例，全界面截图，索引分析。如图 7.4-1 所示。

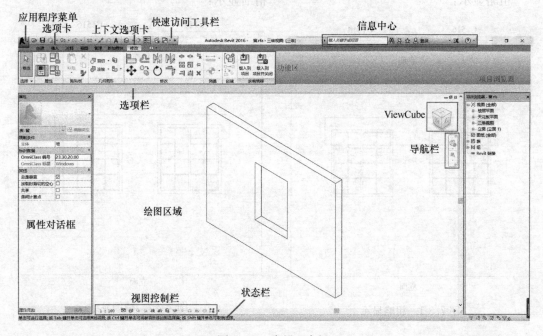

图 7.4-1　全界面介绍

2. 应用程序菜单

单击操作界面左上角的"应用程序菜单"按钮，展开应用程序菜单。在此菜单中，提供了"新建"、"打开"、"保存"、"另存为"、"导出"、"发布"、"打印"、"授权"、"关闭"文件等常用的文件操作。

（1）"关闭"

用于关闭当前正在编辑的文件。

（2）"退出 Revit"

用于关闭当前所有打开的文件，并退出 Revit 应用程序。

（3）"授权"

用于 Revit 软件的许可管理。在"授权"下有三个子命令，后两个命令只有网路版软件用户可用。如图 7.4-2 所示。

"授权信息"：用于查看 Revit 的单机、网络授权信息等。

"借用许可"：网络版软件用户，可以向服务器借用许可实现离线使用。

"提前返还许可"：已经借用许可的网络版软件用户，可提前归还许可。

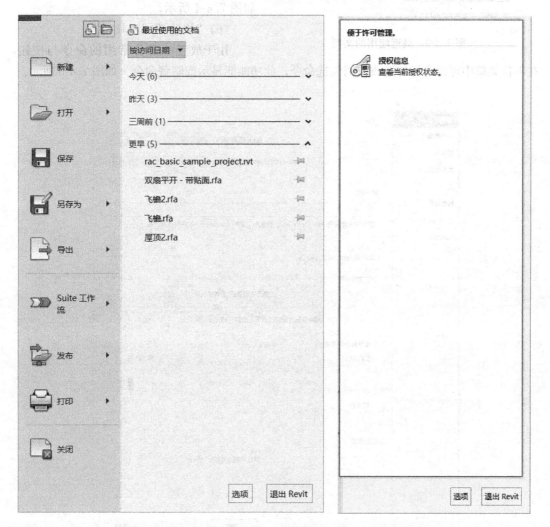

图 7.4-2　应用程序菜单

（4）"最近使用的文档"

默认情况下，在应用程序菜单的右部显示最近使用的文档列表，置顶的文件为最后使用的文件。使用此功能可以用来快速访问曾经处理过的项目。如图 7.4-3 所示。

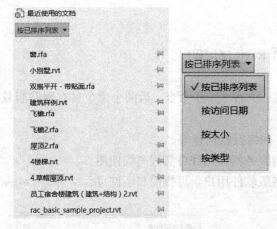

图 7.4-3　最近使用的文档

单击"排序列表"的下拉菜单，可根据需要设置文件排序方式。

单击文件名后的锁定按钮，可将文件固定在文件列表中，不论之后的文件列表如何变动，被锁定的文件均不会被清除出列表。

（5）"选项"

单击右下角"选项"，会弹出"选项"对话框，用于控制软件某些方面的选项。如图 7.4-4 所示。

（6）"快速访问工具栏"

用于放置一部分常用的命令与按钮，在下拉菜单中可以自行勾选或取消勾选命令，此功能能显示或隐藏命令。如图 7.4-5 所示。

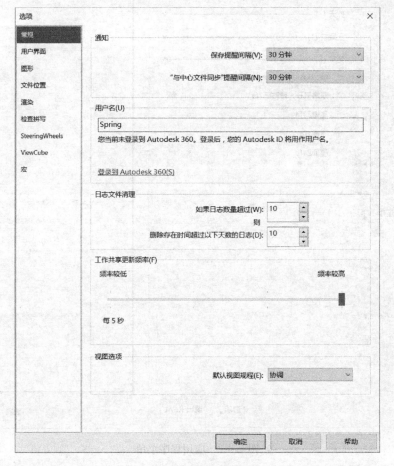

图 7.4-4　应用程序菜单之选项

图 7.4-5　快速访问工具栏

单击下拉菜单中的"自定义快速访问工具栏"，弹出对话框，可以自行定义快速访问工具中显示的命令及其顺序。单击下拉菜单中的"在功能区下方显示"，则"快速访问工具栏"的位置将移动到功能区下方显示，同时，在下拉菜单中的该命令会变为"在功能区上方显示"。如图 7.4-6 所示。

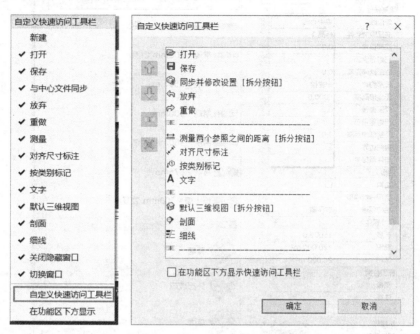

图 7.4-6 自定义快速访问工具栏

（7）"属性对话框"

"属性对话框"显示了当前视图或图元的属性参数，其显示的内容随着选定对象的不同而变化。下面，我们以墙的属性对话框为例来详细介绍一下对话框中各参数的意义。

属性对话框由"类型选择器"、"实例属性参数"、"和编辑类型"三部分组成。

"选择类型器"：打开下拉菜单，可以选择已有的族类型代替此时选中的图元类型，避免反复修改图元参数。如图 7.4-7 所示。

（8）"实例属性参数"

实例属性参数中的列表，显示了当前选择图元的各种限制条件类、图形类、尺寸标注类、表识数据类、极端类等实例参数值。修改实例参数可以改变当前选择图元的外观尺寸等。

（9）"编辑类型"

单击"编辑类型"按钮，即可打开"类型属性"对话框。

在"类型属性"对话框中，可对选定的族类型进行"复制"和"重命名"的操作。"复制"命令主要是在当前族类型的基础上新建类型，单击"复制"按钮，弹出如图对话框，输入新名称后，根据需要对新类型参数进行修改。

"载入"命令用于从已知的存储族载入所需要的族。如图 7.4-8 所示。

"类型属性"对话框开启方式。如图 7.4-9 所示。

点击"修改"选项卡中"属性"命令；

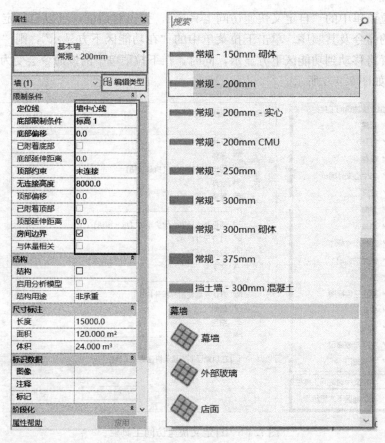

图 7.4-7　属性面板

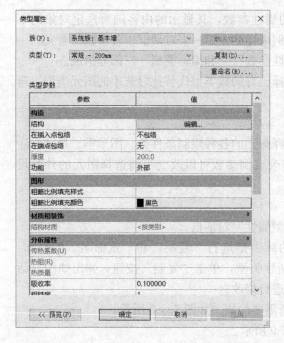
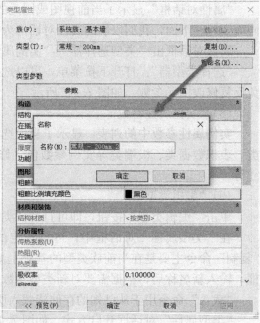

图 7.4-8　类型属性对话框

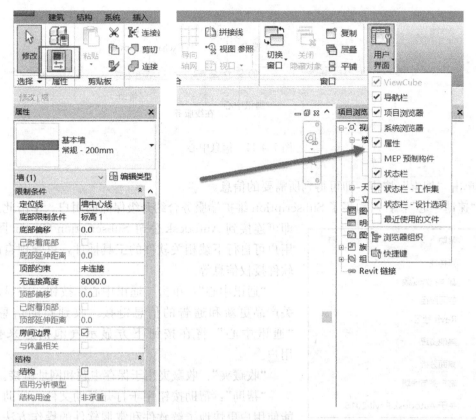

图 7.4-9　添加属性面板

点击"视图"选项卡下"窗口"面板中"用户界面"下拉菜单，勾选"属性"选项；

直接在绘图区域空白处单击右键，勾选"属性"。

（10）"项目浏览器"

项目浏览器用于显示当前项目中所有视图、明细表、图纸、族、组、链接的 Revit 模型和其他部分的逻辑层次，单击"＋"和"－"，可以展开和折叠各个分支，显示下一层项目。

同时，选中项目浏览器的相关项，单击右键，可以进行"复制"、"删除"、"重命名"等相关操作。如图 7.4-10 所示。

打开项目浏览器的方式：单击"视图"选项卡下"窗口"面板中"用户界面"下拉菜单，勾选"项目浏览器"选项。

（11）"信息中心"

信息中心部分名称。如图 7.4-11 所示。

"搜索"：在搜索框中输入需要搜索的内

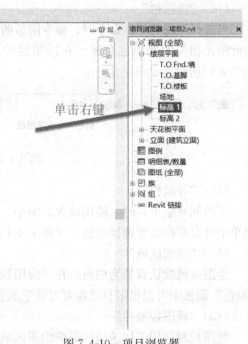

图 7.4-10　项目浏览器

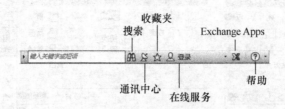

图 7.4-11　信息中心

容，单击"搜索"按钮，即可得到所需要的信息。

"速博中心"：针对购买了 Subscription 维护端服务合约升级保障的用户，单击此按钮即可连接到 Autodesk 公司 Subscription Center 网站，用户可自行下载相关软件的工具插件，可管理自己的软件授权信息等。

图 7.4-12　帮助选项

"通讯中心"：单击"通讯中心"按钮，将显示有关产品更新和通告的信息链接。收到新的信息时，"通讯中心"将在按钮下方显示气泡消息来提醒用户。

"收藏夹"：收藏夹用于保存主题和网址链接。

"帮助"：帮助按钮用于打开帮助文件。帮助文件能使用户更快地了解软件和掌握软件的操作方法。在下拉菜单中，我们可以找到更多的教程、新功能专题研习、族手册等帮助资源。如图 7.4-12 所示。

（12）"选项栏"

当选择不同的工具命令时，命令附带的选项会显示在选项栏中；选择不同的图元时，与此图元相关的选项也会显示在选项栏中。在选项中可自行设置和编辑相关参数。如图 7.4-13 所示。

图 7.4-13　选项栏

（13）"导航栏"

当访问导航工具时，使用放大、缩小、平移等命令以调整窗口中的可视区域。在下拉菜单中可以根据需要选择功能。如图 7.4-14 所示。

（14）"绘图区域"

绘图区域默认背景为白色，在"应用程序菜单"下"选项"按钮的"图形"选项卡的"颜色"面板中可以根据自己需要对背景颜色进行调整。如图 7.4-15 所示。

（15）"视图控制栏"

视图控制栏用于快速访问影响绘图区域的功能。如图 7.4-16 所示。

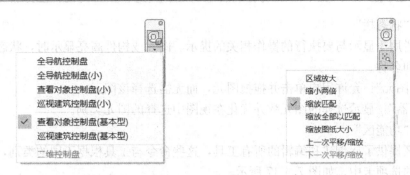

图 7.4-14 导航栏

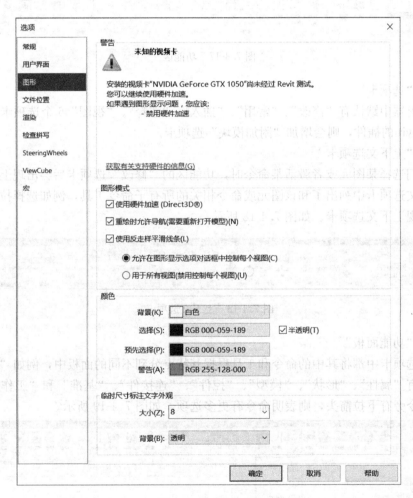

图 7.4-15 图形选项

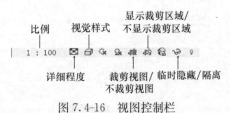

图 7.4-16 视图控制栏

（16）"状态栏"

状态栏用于显示与要执行的操作相关的提示。图元或构件高亮显示时，状态栏会显示族的类型和名称。

"拖拽图元"：允许用户单击并拖拽图元，而无需选择该图元。

"过滤器"：显示选择的图元数并优化在视图中选择的图元类别。

（17）"功能区"

功能区提供了族创建和编辑的所有工具，这些命令与工具根据不同的类别，分别被放置在不同的选项卡中。如图 7.4-17 所示。

图 7.4-17　功能区

（18）"选项卡"

族编辑器中默认有"修改"、"常用"、"插入"、"注释"、"视图"6 个选项卡，若安装了基于 Revit 的插件，则会增加"附加模块"选项卡。

（19）"上下文选项卡"

当我们选择某图元或者激活某命令时，功能区的"修改"选项卡后会出现上下文选项卡，上下文选项卡中列出了和该图元或命令相关的所有子命令工具，例如选择拉伸的图元时，会出现上下文选项卡。如图 7.4-18 所示。

图 7.4-18　上下文选项卡

（20）"功能面板"

每个选项卡中都将其中的命令和工具根据其特点分到不同的面板中，例如"常用"选项卡下就有"属性"、"形状"、"模型"、"控件"、"连接件"、"基准"和"工作平面"面板。若命令旁有下拉箭头，则表明命令有更多选项。如图 7.4-19 所示。

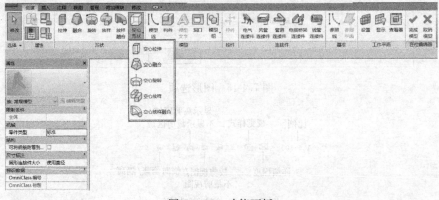

图 7.4-19　功能面板

（21）"启动程序箭头"

启动程序箭头出现在某些功能面板的右下方。单击箭头，会弹出一个对话框，该对话框用来定义设置或完成某项任务。如图7.4-20所示。

（22）"自定义功能区"

功能面板的移动。将光标移动到功能面板标签上，按住鼠标左键不动，将选中的目标拖拽到功能区上所需要的位置，可以实现功能面板的移动。

功能面板单独放置。当需要单独使用某面板并使其处于明显位置的时候，选择将功能面板单独放置。

将光标移动到所需要移动的面板标签上，按住鼠标左键不动，将选中的目标拖拽到绘图区域上，即能实现功能面板的单独放置。若需要将功能面板放置回

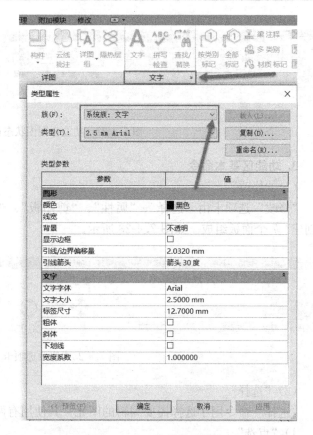

图7.4-20 定义类型属性

原来的位置，只需要对准该面板长按鼠标左键，当面板显示熟悉界面时候，即可拖动到所需位置。如图7.4-21所示。

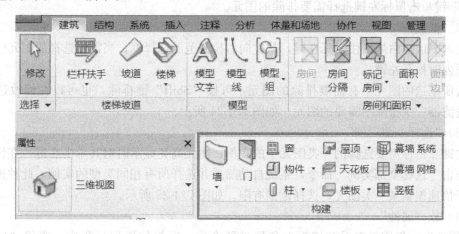

图7.4-21 自定义功能区

（23）"功能区视图状态设置"

功能区选项卡的最右侧有下拉菜单符号，打开后显示了不同的选项，单击这些选项，可以控制功能区的视图状态。如图7.4-22所示。

图 7.4-22　功能区视图状态设置

3. 功能区基本命令

（1）"修改"

"修改"选项卡由"选择"、"属性"、"剪贴板"、"几何图形"、"修改"、"测量"和"创建"7 个面板组成。如图 7.4-23 所示。

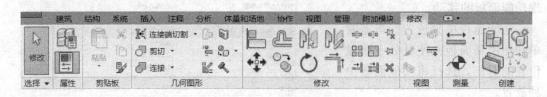

图 7.4-23　修改选项卡

（2）"选择"

"选择"命令用于选择需要编辑的图元。其使用有两种方式：

1）"点选"

将光标靠近所需要选择的图元，当高亮线框显示时，单击左键，图元高亮显示。需要多选时，按住"Ctrl"键单击鼠标左键即可选择多个图元；需要排除某个图元时，按住"Shift"键单击鼠标左键选择需要排除的图元。

2）"框选"

在画图区空白处按住鼠标左键，从左向右拉开范围选择框，当需要选择的图元已经在范围框内时松开左键。

若所框选的图元中有需要排除的图元，可按"Shift"键排除，也可以在修改选项卡的"过滤器"中排除不需要的图元。如图 7.4-24 所示。

（3）"选择全部实例"

左键点击你需要选择的一类图元中的实例，图元高亮显示时对其单击右键，在快捷菜单中点击"选择全部实例"命令，系统自动筛选并选择所有相同类型的实例。此种选择方法用于快速编辑某一类图元，选择范围有限。如图 7.4-25 所示。

（4）族"属性"

"属性"面板用于查看和编辑对象属性的合集，在族编辑器过程中，提供"属性"、"族类型"、"族类别和族参数"与"类型属性"四种基本属性查询和定义。

1）"属性"

点击"属性"对话框的开关。系统默认属性对话框在族编辑器界面中显示，若需要隐藏属性对话框，可以单击"属性"按钮。

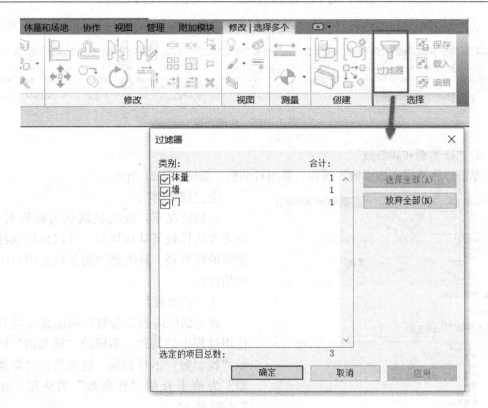

图 7.4-24 配合使用过滤器进行选择

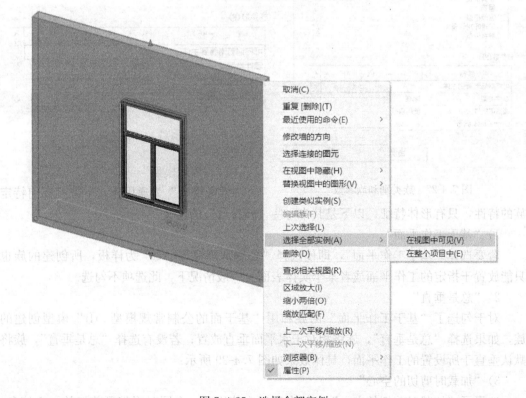

图 7.4-25 选择全部实例

属性对话框的详细内容已经在上文中介绍过，在此不再进行详述。如图 7.4-26 所示。

图 7.4-26　功能面板

2）"族类别和族参数"

单击"族类别和族参数"按钮，弹出对话框。如图 7.4-27 所示。

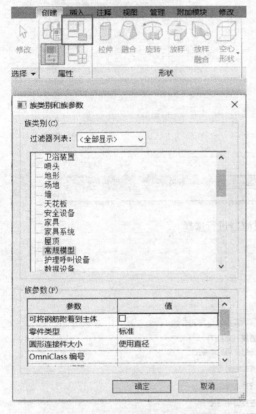

图 7.4-27　族类别和族参数

① "族类别"

一般情况下，族类别默认为族样板名。在需要族样板灵活应用时，可以自行选择所需要的族类别。族类别决定了族在项目中的使用特性。

② "族参数"

此对话框内的族参数是指此族在项目中使用过程中的特性。不同的"族类别"所显示"族参数"不尽相同。这里是以"常规模型"为例来介绍"族参数"的应用。如图 7.4-28 所示。

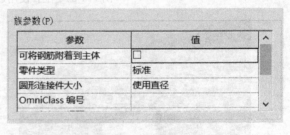

图 7.4-28　族参数

（5）"常规模型"

"常规模型"为通用族，不带有任何特定族的特性，只有形体特征，以下是其中一些"族参数"的定义：

1）"基于工作平面"

若要选择"基于工作平面"，即使选择"公制常规模型.rft"为样板，所创建的族也只能放置于指定的工作平面或者某个实体表面。一般情况下，此选项不勾选。

2）"总是垂直"

对于勾选了"基于工作平面"的族和用"基于面的公制常规模型.rft"模型创建的族，如果选择"总是垂直"，族将相对于水平面垂直放置；若没有选择"总是垂直"，族将默认垂直于所设置的工作平面，具体效果如图 7.4-29 所示。

3）"加载时剪切的空心"

选择了"加载时剪切的空心"的族在项目中使用时，会同时附带可剪切的空心信息。

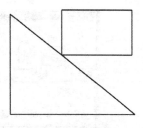

勾选"总是垂直"　　　　　　　　不勾选"总是垂直"

图 7.4-29　图形的不同位置状态

即当族在制作过程中定义了空心剪切，不勾选这个选项，在载入项目之后，族的使用中不会自动出现已经定义的空心剪切或是空心形状。如图 7.4-30 所示。

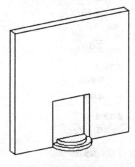

勾选"加载时剪裁的空心"　　　　　不勾选"加载时剪裁的空心"

图 7.4-30　加载是否裁剪空心

4）"可将钢筋附着到主体"

"可将钢筋附着到主体"这是 Revit 中为"公制常规模型"定制的一项新功能。运用"公制常规模型.rft"所创建的族，若勾选了此选项，在使用 Revit 打开的项目中，只要能剖切此族，用户就可以在这个族的剖面上自由添加钢筋。

5）"部件类型"

"部件类型"和"族类型"密切相关，在选择族类别时，系统会自动匹配相对应的部件类型，用户一般不需要再次修改。

6）"共享"

"共享"在制作嵌套族过程中，若子族勾选过"共享"选项，当父族载入项目中时，子族也可以被同时调用，达到"共享"。一般情况下，默认不勾选。

（6）"族类型和参数"

在族类别和族参数设置完成后，单击"族类型"选项，打开"族类型"对话框对族类型和参数进行设置。如图 7.4-31 所示。

1）"新建族类型"

"族类型"是在项目中用户可以看到的族类型。一个族可以有多个类型，每个类型可以有不同的尺寸形状。并且可以分别调用。在"族类型"对话框右上角点击"新建"按钮以添加新的族类型。对于已经存在的族类型还可以进行"重命名"和删除的操作。

2）"添加参数"

参数对于族来说十分重要，正是因为有了参数的存在，族才有了强大的生命力。这种

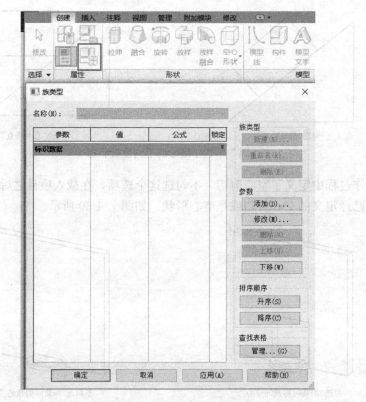

图 7.4-31　族类型和参数

生命力具体体现在高利用率、多变性等族的特性上。

单击"族类型"对话框中右侧的"添加"按钮，打开"参数属性"对话框，具体的参数分类以及应用已在上文中提到，不在此做详述。如图 7.4-32 所示。

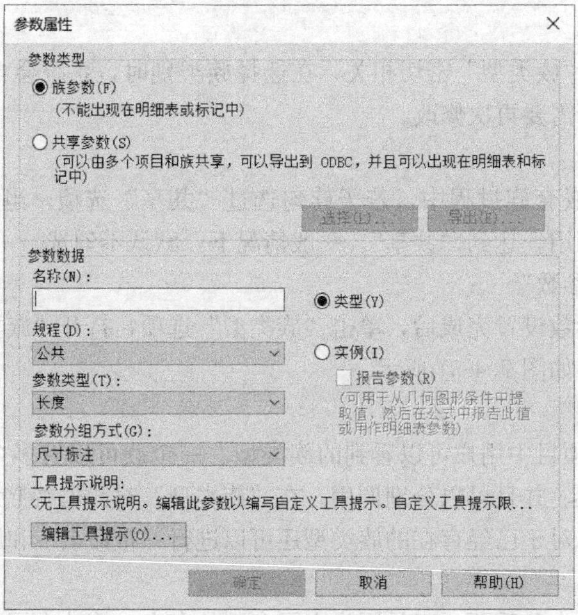

图 7.4-32　族参数

4. "剪贴板"面板

(1)"剪切"

"剪切"命令主要用于将选中的图元从原视图中剪切下来,放置入粘贴板中,再将其用"粘贴"命令插入所需要位置。

具体操作步骤如下:

选择需要剪切的图元,图元高亮显示后,单击"剪切"命令。如图7.4-33所示。

图7.4-33 使用剪切命令

(2)"复制"

"复制"命令用于将选中的图元复制到粘贴板中,再利用"粘贴"命令将其放置到当前视图、其他视图或另一个项目中。

具体操作步骤为:

选择需要复制的图元,图元高亮显示后,单击"复制"命令。

(3)"粘贴"

"粘贴"命令用于将已选中的图元粘贴到需要的位置。在"粘贴"命令的下拉菜单中,我们可以看到不同的粘贴选项。如图7.4-34所示。

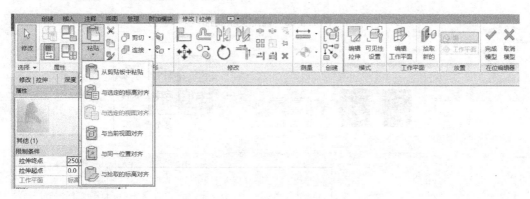

图7.4-34 复制粘贴

(4)"匹配类型属性"

"匹配类型属性"命令用于转换一个或多个图元,使其与同一视图中的其他图元的类型相匹配。

具体操作如下:

单击"匹配类型属性"命令,选择需要转换成的类型的某个实例。

单击选择需要转换的图元,若有多个不同的图元需要转换,单击"选择多个"命令,用"Ctrl+"和"Shift-"键选择多个图元,单击完成命令。如图7.4-35、图7.4-36所示。

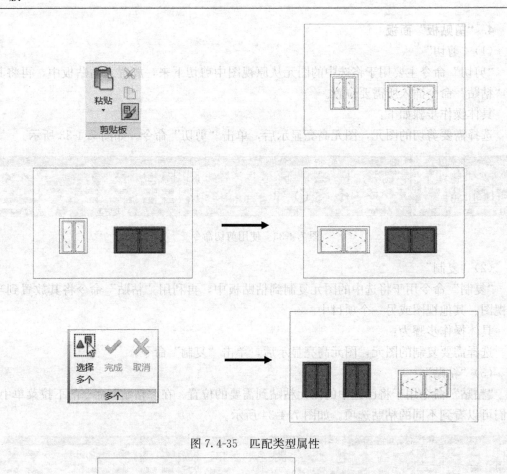

图 7.4-35　匹配类型属性

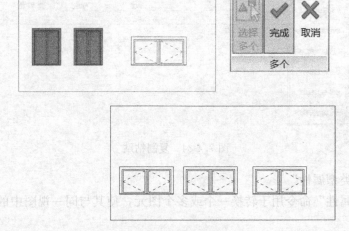

图 7.4-36　匹配类型属性

5. "几何图形"

"几何图形"面板由"剪切"、"连接"、"拆分面"、"填色"四项命令组成，用于图元中几何图形的编辑。如图 7.4-37 所示。

（1）"剪切"

此处的"剪切"命令不同于剪切板中剪切命令。几何图形面板中的"剪切"命令用于

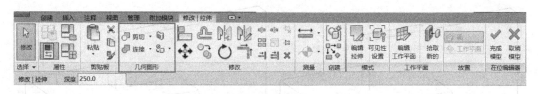

图 7.4-37 几何图形面板

有部分重叠的图元进行几何剪切或者从实心形状剪切实心或空心形状。

以空心形状剪切实心形状为例，具体操作如下：

在"剪切"命令下拉菜单中选择"剪切几何图形"。首先选择空心形状几何图形。然后选择实心形状几何图形，剪切完成。如图 7.4-38 所示。

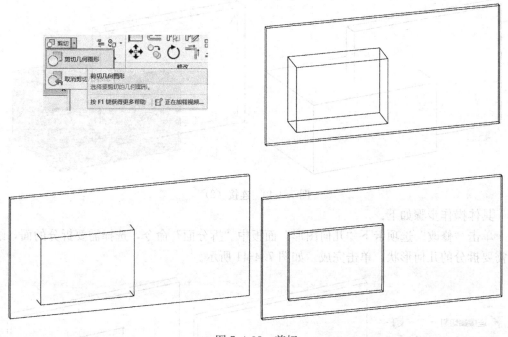

图 7.4-38 剪切

（2）"连接"

"连接几何图形"命令用于在共享公共面的 2 个或更多主题图元（如墙和楼板）之间创建连接。此命令将删除连接的图元之间的可见边缘，之后连接的图元便可共享相同的线宽和填充样式。详细情况如图 7.4-39 所示。

具体操作如下：

在"连接"命令下拉菜单中选择"连接几何图形"，分别单击需要连接的两个几何图形。如图 7.4-40 所示。

（3）"拆分面"命令

"拆分面"命令是用于将图元（如墙或柱）的面分割成若干区域，以便使用不同的材质。此命令只能拆分图元的选定面，而不会产生多个图元，也不会修改图元的结构。通常与"填色"命令配合使用。

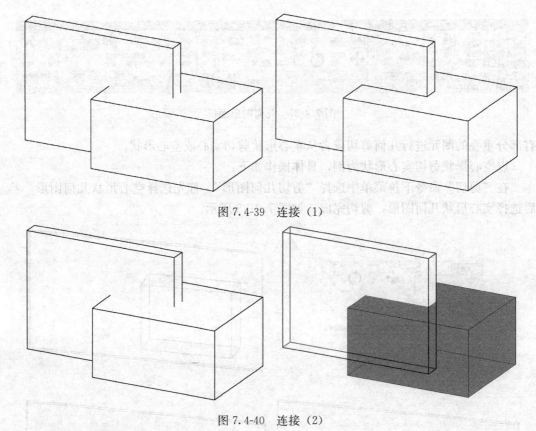

图 7.4-39 连接（1）

图 7.4-40 连接（2）

具体操作步骤如下：

单击"修改"选项卡下"几何图形"面板中"拆分面"命令，选择需要拆分的面，绘制需要拆分的几何形状，单击完成。如图 7.4-41 所示。

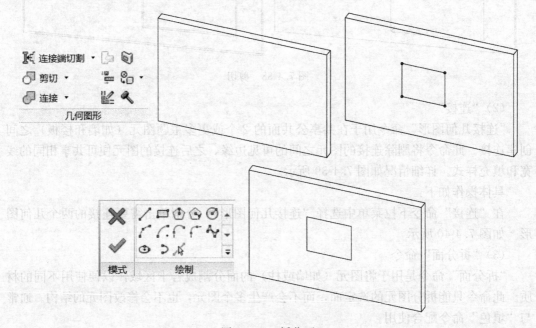

图 7.4-41 拆分面

（4）"填色"命令

"填色"命令用于将材质赋予图元的面，常与"拆分面"命令配合使用。

具体操作步骤如下：

单击"修改"选项卡下"几何图形"面板中"填色"工具下拉菜单"填色"命令；

在弹出的对话框中选择所需的材质，单击需要修改材质的面，并单击对话框右下角的完成。如图 7.4-42 所示。

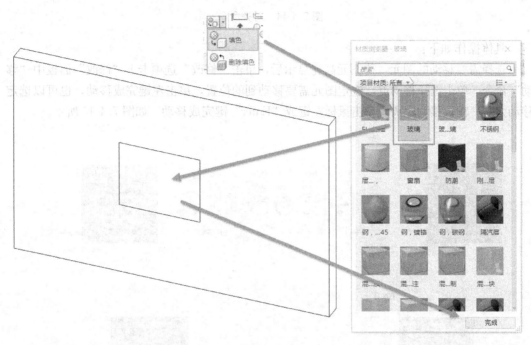

图 7.4-42 填色

6. "修改"面板

（1）"对齐"命令

"对齐"命令用于将一个或多个图元与选定的图元对齐。

具体操作如下：

单击"修改"选项卡下"修改"面板中"对齐"命令，选择对齐的目标图元，并选择需要对齐的图元。若将该图元锁定，则能确保此对齐不受其他模型修改的影响。如图 7.4-43、图 7.4-44 所示。

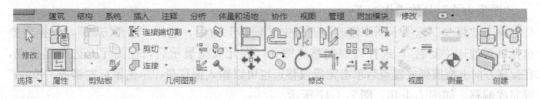

图 7.4-43 修改选项卡

（2）"移动"命令

"移动"命令用于将选定图元移动到当前视图中指定的位置。

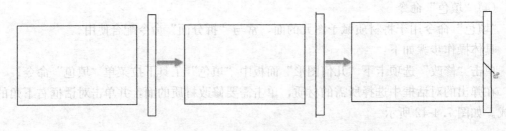

图 7.4-44　对齐命令

具体操作如下：

选择需要移动的图元，待图元高亮显示后，单击"修改"选项卡下"修改"面板中"移动"命令，单击选择移动点，选定图元需要移动到的位置，单击左键完成移动，也可以选定移动方向，输入移动距离，单击鼠标左键或"Enter"键完成移动。如图 7.4-45 所示。

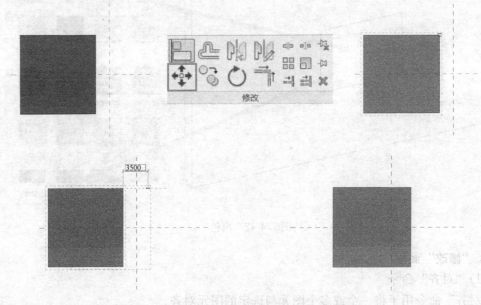

图 7.4-45　移动命令

（3）"偏移"命令

"偏移"命令用于将选定的图元（例如线、墙或梁）复制或移动到与其长度相垂直方向上的指定距离处。"偏移"有两种形式，即"图形方式"与"数值方式"。

"图形方式"具体操作如下：

单击"修改"选项卡下"修改"面板中"偏移"命令，选择"图形方式"，根据需要选择是否勾选"复制"，选择需要偏移的图元，图元高亮显示后，在图元上选择偏移点，在偏移方向上拖拽到放置点后单击完成偏移；也可以输入偏移量，单击鼠标左键或"Enter"键完成偏移。如图 7.4-46、图 7.4-47 所示。

"数值方式"具体操作如下：

单击"修改"选项卡下"修改"面板中"偏移"命令；

选择"数值方式"，输入偏移数值，根据需要选择是否勾选"复制"；

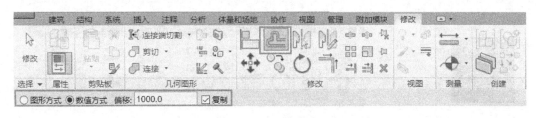

图 7.4-46 偏移选项栏

图 7.4-47 图形方式偏移

将光标靠近需要偏移的图元，图元高亮显示时会在光标靠近的方向出现一条虚线，虚线所在方向即为偏移方向。单击鼠标左键完成偏移。如图 7.4-48、图 7.4-49 所示。

图 7.4-48 数值方式偏移（1）

图 7.4-49 数值方式偏移（2）

（4）"复制"命令

"复制"命令用于复制选定的图元并将它们放置在当前视图中制定的位置。如果需要将复制的图元临时放置在同一视图中，则需使用"修改"选项卡下"剪贴板"面板中"复制"命令。例如，如果在放置复制图元之前需要切换视图或项目，请使用"剪贴板"面板中"复制"命令。

"复制"命令具体操作如下：

选定需要复制的图元，图元高亮显示；

单击"修改"选项卡下"修改"面板中"复制"命令，选定复制点，拖拽图元或者确定移动方向后输入数值，单击左键完成复制。如图 7.4-50、图 7.4-51 所示。

（5）"镜像"命令

"镜像"命令用于翻转选定的图元，或者通过一个步骤生成图元的一个副本并反转其位置。"镜像"命令有两个按钮，即"镜像-拾取轴"与"镜像-绘制轴"。

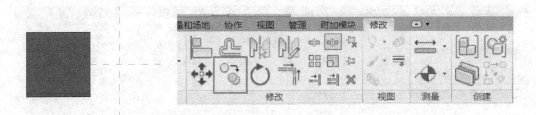

图 7.4-50　复制

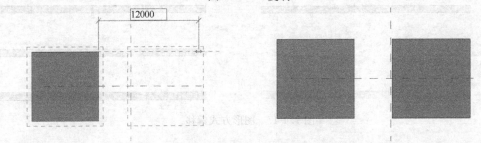

图 7.4-51　输入数值复制

"镜像-拾取轴"具体操作如下：

选择需要镜像的图元，图元高亮显示；

单击"修改"选项卡下"修改"面板中"镜像-拾取轴"命令；

光标靠近一条现有的线或边作为镜像轴，此条线或边会高亮显示；

单击完成镜像。如图 7.4-52、图 7.4-53 所示。

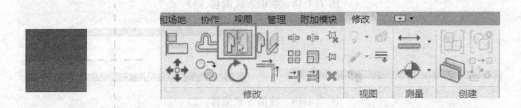

图 7.4-52　镜像

图 7.4-53　图形镜像

"镜像-拾取轴"具体操作如下：

选择需要镜像的图元，图元高亮显示；

单击"修改"选项卡下"修改"面板中"镜像-绘制轴"命令；

　　手动绘制一条镜像轴，轴线绘制完成时，"镜像-绘制轴"结束。如图 7.4-54、图 7.4-55所示。

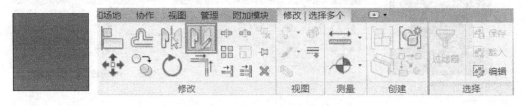

图 7.4-54　镜像绘制轴命令

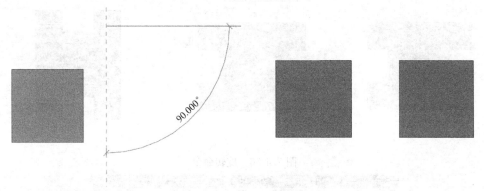

图 7.4-55　绘制镜像轴

　　(6)"旋转"命令

　　"旋转"命令用于绕轴旋转选定的图元。在楼层平面视图、顶棚投影平面视图、立面视图和剖面视图中，图元围绕旋转中心轴进行旋转；在三维视图中，该旋转中心轴垂直于视图的工作平面。

　　一般情况下，旋转中心是默认为图元中心的。如需要改变旋转中心，可以拖动或单击旋转中心控件，按空格键，或在选项栏上选择"旋转中心：放置"，然后单击鼠标来指定第一条旋转线，再次单击鼠标来指定第二条旋转线。

　　"旋转"命令具体操作如下：

　　选择需要旋转的图元，图元高亮显示；

　　单击"修改"选项卡下"修改"面板中"旋转"命令；

　　根据需要在选项栏中选择自己需要的选项；

　　单击选定第一条旋转线；

　　单击选定第二条旋转线，旋转完成。如图 7.4-56 所示。

　　(7)"修剪/延伸为角部"命令

　　"修剪/延伸为角部"命令用于修剪或延伸选中的图元（例如墙或梁），以形成一个角。具体操作如下：

　　单击"修改"选项卡下"修改"面板中"修剪/延伸为角部"命令，单击需要修剪的图元 1，单击需要修剪的图元 2，修剪完成。如图 7.4-57 所示。

　　(8)"修剪/延伸图元"命令

　　"修剪/延伸图元"命令可以沿一个图元定义的边界修剪或延伸一个或多个图元（例如墙、线、梁或支撑等）。"修剪/延伸图元"有两个按钮，即"修剪/延伸单一图元"和"修

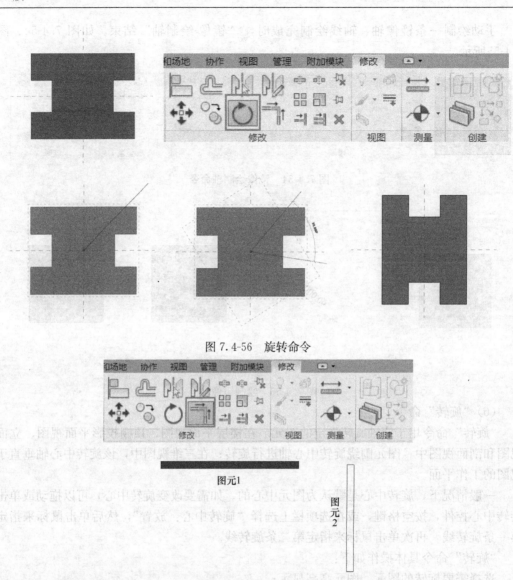

图 7.4-56　旋转命令

图 7.4-57　修剪/延伸为角

剪/延伸多个图元"。

"修剪/延伸单一图元"具体操作如下:

单击"修改"选项卡下"修改"面板中"修剪/延伸单一图元"命令,选择作为边界的参照选择需要修剪或延伸的图元,完成修剪。如图 7.4-58 所示。

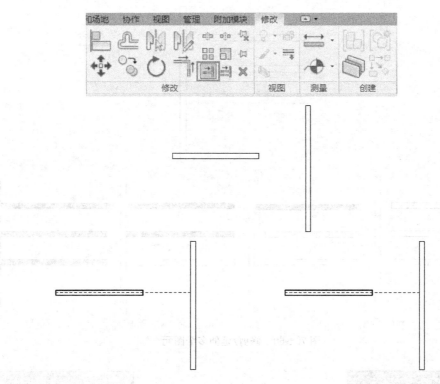

图 7.4-58　修剪/延伸

"修剪/延伸多个图元"具体操作如下：

单击"修改"选项卡下"修改"面板中"修剪/延伸多个图元"命令；

选择作为边界的参照，选择需要修剪或延伸的每一个图元，完成修剪。如图 7.4-59、图 7.4-60 所示。

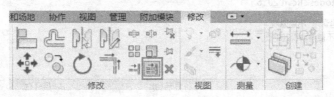

图 7.4-59　修剪/延伸多个图元

（9）"锁定"与"解锁"命令

"锁定"命令用于将模型锁定到位，图元锁定后不能对其进行移动，除非将图元设置为附近的图元一同移动或它所在标高上下移动。"解锁"命令用于解锁模型图形，使之可以移动。

"锁定"命令具体操作如下：

选择需要锁定的图元，图元高亮显示；

单击"修改"选项卡下"修改"面板中"锁定"图元上出现的锁定符号，锁定完成。如图 7.4-61 所示。

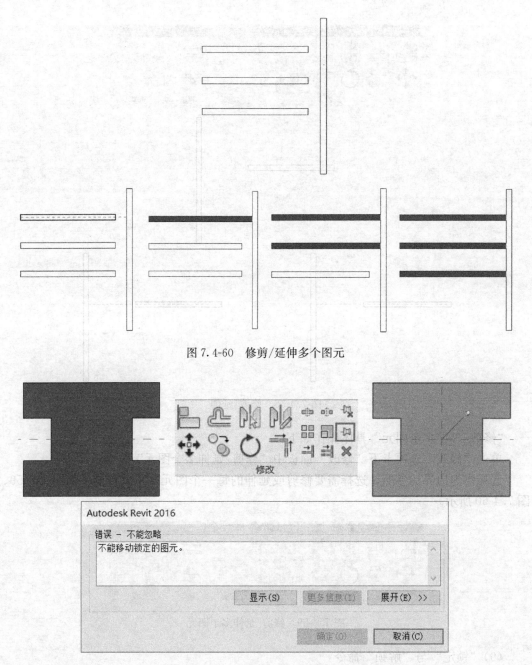

图 7.4-60　修剪/延伸多个图元

图 7.4-61　"锁定"与"解锁"命令

"解锁"命令具体操作如下：

选择需要解锁的图元，图元高亮显示；

单击"修改"选项卡下"修改"面板中"解锁"命令，或者直接单击图元显示的锁定符号，图元上出现解锁符号，解锁完成。如图 7.4-62 所示。

（10）"删除"命令

"删除"命令用于从建筑模型中删除选定的图元。删除的图元不会被放置在剪贴板中，

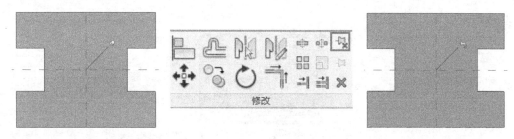

图 7.4-62 解锁

如果需要撤销删除操作，则单击"撤销"命令或按"Ctrl＋Z"。

"删除"命令具体操作如下：

选择需要删除的图元，图元高亮显示；

单击"修改"选项卡下"修改"面板中"解锁"命令，或者直接按"Delete"键。如图 7.4-63所示。

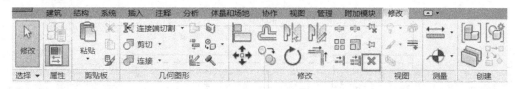

图 7.4-63 删除命令

7. "测量"面板

（1）"测量"命令

"测量"命令下拉菜单中有两个选项。"测量两个参照之间的距离"用于测量两个图元或其他参照物之间的距离；"沿图元测量"用于测量图元的长度。如图 7.4-64 所示。

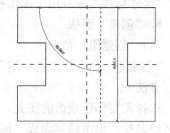

图 7.4-64 测量面板

"测量两个参照之间的距离"具体操作如下：

打开一个平面、立面或剖面，单击"修改"选项卡下"修改"面板中"测量"下拉菜单的"测量两个参照之间的距离"命令，绘制一条临时线或一连串连接指定点的线，此时会显示尺寸标注的总数值，此时的显示为临时显示，开始下一个测量或按"Esc"退出测量，测量数值消失。

图元"测量"具体操作如下：

打开一个平面、立面、或剖面，单击"修改"选项卡下"修改"面板中"测量"下拉菜单的"沿图元测量"命令，拾取要测量的现有墙或线，此时会显示尺寸标注的总数值，此时的显示为临时显示，开始下一个测量或按"Esc"退出测量，测量数值消失。如图

7.4-65 所示。

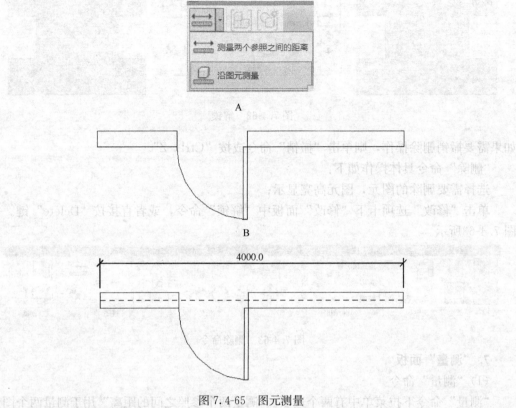

图 7.4-65 图元测量

(2)"尺寸标注"命令

"尺寸标注"命令用于添加视图中的尺寸标注。

8. "创建"面板

(1)"创建组"命令

"创建组"命令用于将一组图元创建成为组,以便于重复使用和布局。具体操作如下:

方法一:

选择需要创建成组的图元,单击"修改"选项卡下"修改"面板中"创建组"命令,输入组名称,单击确定完成"创建组"命令。如图 7.4-66 所示。

方法二:

单击"修改"选项卡下"修改"面板中"创建组"命令,输入组名称,选择组类型,单击确定进入组编辑状态,利用"添加"和"删除"按钮选择组内图元,单击"完成"退出编辑状态,"创建组"命令完成。

(2)"创建类似实例"命令

"创建类似实例"命令用于创建和放置与选定图元类型相同的图元。使用此命令时,每个新图元的族实例参数都与所选定的图元相同。具体操作如下:

选定需要创建类似实例的图元,图元高亮显示,单击"修改"选项卡下"修改"面板中"创建类似实例"命令,此时,处于拟选择类型图元的编辑状态,以新建图元的方式创建该类型实例。如图 7.4-67、图 7.4-68 所示。

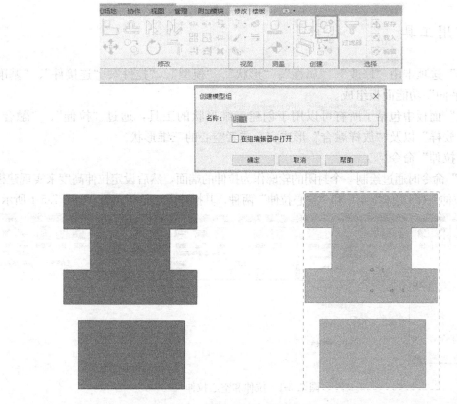

图 7.4-66 创建组

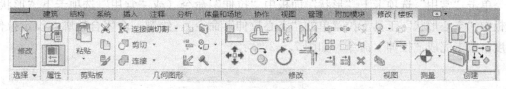

图 7.4-67 创建类似实例命令

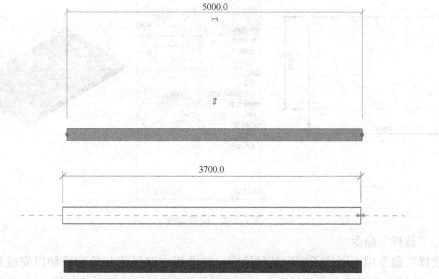

图 7.4-68 创建类似实例

7.5 常用工具

"常用"选项卡由"修改"、"属性"、"形状"、"模型"、"控件"、"连接件"、"基准"和"工作平面"功能面板组成。

"形状"面板中包括了所有可以用于创建三维形状的工具，通过"拉伸"、"融合"、"旋转"、"放样"以及"放样融合"形成实心或者空心的三维形状。

（1）"拉伸"命令

"拉伸"命令时通过绘制一个封闭的轮廓作为拉伸的端面，然后设定拉伸高度来实现建模。拉伸有"拉伸"（即实体拉伸）和"空心拉伸"两种，其操作方法是相同的。如图 7.5-1 所示。

图 7.5-1 拉伸和空心拉伸

单击"常用"选项卡下"形状"面板中"拉伸"命令（或"常用"选项卡下"形状"面板中"空心形状"工具下拉菜单的"空心拉伸"命令），绘制一个闭合轮廓，设定拉伸长度，单击完成"拉伸"命令。如图 7.5-2 所示。

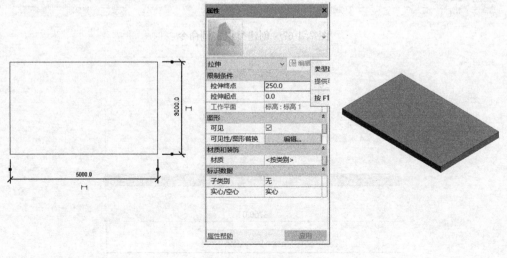

图 7.5-2 拉伸命令

（2）"放样"命令

"放样"命令用于创建需应用某种轮廓，并沿相应路径将此轮廓拉伸以完成创建目的的构件。放样命令同样有"放样"与"空心放样"，其具体操作方法相同。

单击"常用"选项卡下"形状"面板中"放样"命令（或"常用"选项卡下"形状"面板中"空心形状"工具下拉菜单的"空心放样"命令）；

绘制拉伸路径；

绘制轮廓或者选择已载入的轮廓；

单击完成"放样"命令。如图 7.5-3、图 7.5-4 所示。

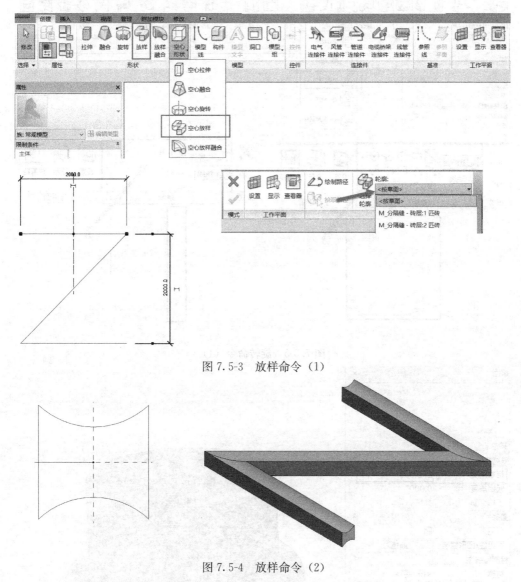

图 7.5-3　放样命令（1）

图 7.5-4　放样命令（2）

（3）"旋转"命令

"旋转"命令用于创建需使用某几何图形，并以某轴线为中心旋转一定角度而成的构件。

"旋转"与"空心旋转"的具体操作如下：

单击"常用"选项卡下"形状"面板中"旋转"命令（或"常用"选项卡下"形状"面板中"空心形状"工具下拉菜单的"空心旋转"命令）；

绘制旋转的几何图形，此图形必须为闭合；

拾取或绘制轴线（此操作可能需要转换视图）；

设定旋转角度等参数；

单击完成"旋转"命令。如图 7.5-5、图 7.5-6 所示。

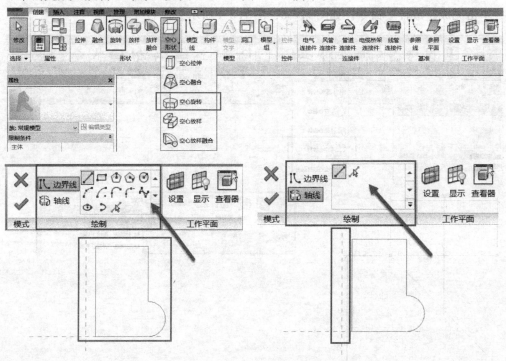

图 7.5-5　旋转命令（1）

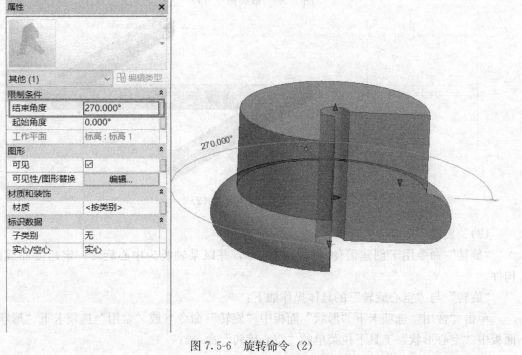

图 7.5-6　旋转命令（2）

（4）"融合"命令

"融合"命令用于将两个平行平面上的不同形状的断面进行融合，完成建模。其具体操作如下：

单击"常用"选项卡下"形状"面板中"融合"命令（或"常用"选项卡下"形状"面板中"空心形状"工具下拉菜单的"空心融合"命令），编辑底部轮廓，轮廓必须为闭合几何图形，编辑顶部轮廓，设定两个端点之间的距离，单击完成"融合"命令。如图 7.5-7、图 7.5-8 所示。

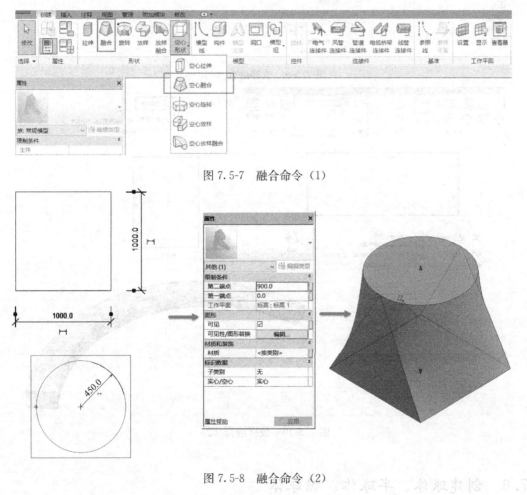

图 7.5-7　融合命令（1）

图 7.5-8　融合命令（2）

（5）"放样融合"命令

"放样融合"命令用于创建两个端面不在平行平面上，且两者需沿指定的路径相融合的构件。其使用原理与放样命令大致相同，区别在于放样融合命令需采用两个轮廓。其具体操作如下：

单击"常用"选项卡下"形状"面板中"放样融合"命令（或"常用"选项卡下"形状"面板中"空心形状"工具下拉菜单的"空心放样融合"命令）；

在功能区选择"绘制路径"或"拾取路径"，绘制或三维拾取融合路径；

选择轮廓 1，绘制或选择第一个端面轮廓；

选择轮廓 2，绘制或选择第二个端面轮廓；

单击完成"放样融合"命令。如图 7.5-9、图 7.5-10 所示。

图 7.5-9　放样融合（1）

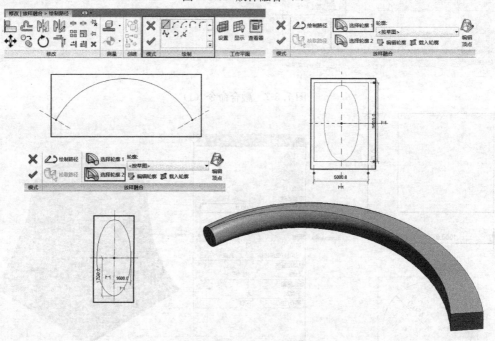

图 7.5-10　放样融合（2）

7.6　创建球体、半球体、椭球体

如图 7.6-1 所示。

7.6-1　球体、半球体、椭球体

单击"内建模型"命令，"族类型和参数"选择"常规模型"，命名为"球体"。如图 7.6-2 所示。

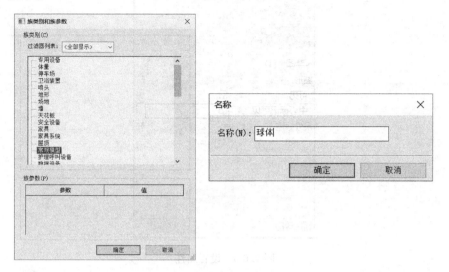

图 7.6-2 内建模型

使用"旋转"命令，在立面上绘制轮廓。此时会弹出设置"工作平面"对话框，在平面视图上绘制一个参照平面，通过设置工作平面进入立面视图。如图 7.6-3 所示。

绘制半圆形轮廓和旋转轴，单击完成形状。如图 7.6-4 所示。

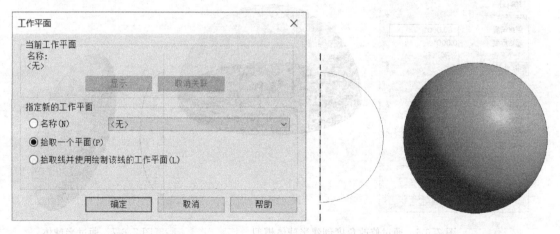

图 7.6-3　设置工作平面　　　　　　　图 7.6-4　旋转完成模型形状

提示：如果是使用圆形修改为半圆，需要绘制通过圆心的直线，将圆形修剪为半圆形，单击绘制的圆形在属性面板中勾选"使中心标记可见"。如图 7.6-5 所示。

通过球体创建半球体，单击选择球体，在属性面板上设置结束角度为 180°，完成半球体。如图 7.6-6 所示。

通过半球体创建椭球体。单击选择半球体，在属性面板上设置结束角度为 360°，选择"编辑旋转"命令，修改旋转轮廓为半椭圆，单击完成形状。如图 7.6-7 所示。

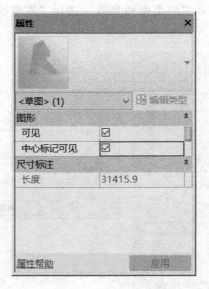

图 7.6-5 设置属性

图 7.6-6 通过修改角度创建半球体模型

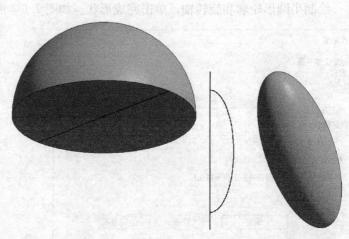

图 7.6-7 通过半球体
创建椭球体

7.7 模型面板

1. "模型线"命令

"模型线"用于创建存在于三维空间中且在项目的所有视图中都可以见的线。一般情况下，可以使用模型线表示建筑设计中的三维几何图形，例如绳索或者缆绳。在绘制之前要在下拉菜单中选定所需线型，如图 7.7-1 所示。

图 7.7-1　模型线命令

2. "构件" 命令

"放置构件" 用于将选定类型的图元放置在族中。使用下拉菜单中的列表选择图元类型, 若没有所需要的类型, 可载入族之后使用此命令。选定类型或在绘图区域中需要放置的位置单击, 即可放置图元。

3. "模型文字" 命令

"模型文字" 命令用于将三维文字添加到建筑模型中。常用于建筑上的标记或墙上的字母。可根据需要由类型属性和实例属性控制其字体、大小、深度以及材质。如图 7.7-2 所示。

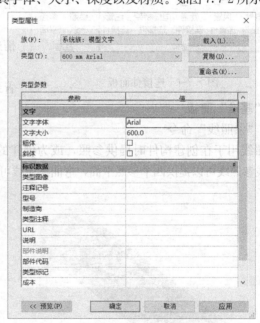

图 7.7-2　模型文字命令

4. "洞口" 命令

"洞口" 命令用于在主体上创建一个洞口, 该工具只能在基于主体的族样板 (如基于墙或顶棚) 中使用。

5. "模型组" 命令

"模型组" 命令用于创建一组定义的图元, 或将一组图元放置在当前视图中。此命令适用于需要重复布置一组图元或许多建筑项目需要适用相同实体的情况。

6. "控件"面板

"控件"命令用于将翻转箭头添加到视图中。在项目中，可以通过翻转箭头来修改族的水平或垂直方向。如图 7.7-3 所示。

图 7.7-3 控件面板

7. "连接件"面板

"连接件"命令用于将电气连接件、风管连接件、管道连接件、电缆桥架连接件、线管连接件添加到构件中。

电气连接件：用于电气连接中，这些连接包括数据、电力、电话、安全、火警、护理呼叫、通信及控制。

风管连接件：用于与管网、风管管件及属于空调系统的其他构件相关联。

图 7.7-4 连接件面板

管道连接件：一个与管道、管件及用来传输流体的其他构件。

电缆桥架连接件：用于将硬梯式或槽式电缆桥架及其管件附着到构件中。

线管连接件：用于将硬线管管件附着到构件中。如图 7.7-4 所示。

8. "基准"面板

（1）"参照线"命令

参照线用于在创建构件时提供参照，或为创建的构件提供限制。

直线参照线可以提供四个参照平面，弯曲参照线可以定义两个参照平面。如图 7.7-5 所示。

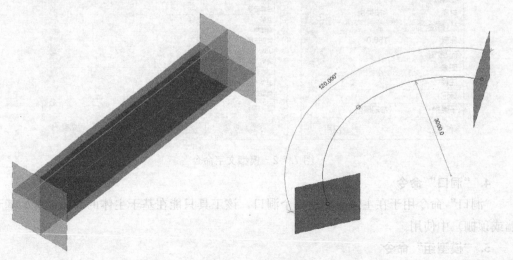

图 7.7-5 基准面板

（2）"参照平面"命令

"参照平面"是构件创建过程中的参照，也可以对所创造的构件进行限制。

在进行标注时，必须将实体与参照平面锁定，对参照平面进行标注，由参照平面之间的标注对实体进行控制。

参照平面有以下的属性，如图7.7-6所示。

1）"墙闭合"

2）"名称"。在参照平面很多的情况下，对参照平面的名称进行定义，能够帮助区分。

3）"是参照"。"是参照"下拉菜单中的选项定义了参照平面在族用于项目中时不同的特性。

① "非参照"：此参照平面在项目中将无法被捕捉到或标注尺寸。

② "强参照"：在项目中，被捕捉和尺寸标注最高优先级。

③ "弱参照"：在项目中，被捕捉和尺寸标注优先级低于"强参照"，可运用"Tab"键进行选择。

图 7.7-6 参照平面特性

④ "左"、"中心（左/右）"、"右"、"前"、"中心（前/后）"、"后"、"底"、"中心（标高）"、"顶"：此类参照在同一个族中只能使用一个，其特性类似于"强参照"。

4）"定义原点"

"定义原点"用于定义族的插入点。

族样板中，默认的三个参照平面，即 X、Y、Z 三个方向上已定义并锁定的参照平面，都已被勾选了"定义原点"，一般不要更改。

7.8 注释

"注释"选项中包含了"尺寸标注"、"详图"和"文字"面板。

1. "尺寸标注"面板

"尺寸标注"包含了"线性尺寸标注"、"角度尺寸标注"和"径向尺寸标注"三种标注类型。如图7.8-1所示。

尺寸标注的操作方法，以线性尺寸标注为例：

单击"注释"选项卡下"尺寸标注"面板中"对齐"命令；

单击需要加入尺寸标注的一端的图元；

将光标移动至另一端，单击鼠标左键，完成尺寸标注。如图7.8-2、图7.8-3所示。

2. "详图"面板

（1）"符号线"命令

"符号线"用于创建仅用作符号，而不作为构件或建筑模型的实际几何图形其中某部

图 7.8-1　注释选项卡

图 7.8-2　对齐命令

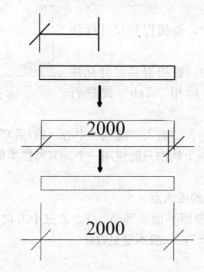

图 7.8-3　完成尺寸标注

分的线条。例如立面视图中门扇的开启方向。

提示：与前文提到"模型线"命令不同，模型线能够在所有视图中可见；而符号线能够在平面和立面上绘制，不能够在三维视图中绘制，且只能在其所在绘制的视图上可见，在其他视图中无法显示。

图 7.8-4　载入详图族

（2）"详图构件"命令

"详图构件"命令用于将视图专有的详图构件添加到视图中。若出现如图 7.8-4 的对话框，请从族库中载入详图族，或者创建自己的详图族。

（3）"详图组"命令

"详图组"命令用于创建详图组，或在视图中放置详图组实例。详图组包含视图专有图元，如文字和填充区域。但不包括模型图元。

（4）"符号"命令

"符号"命令用于在当前视图中放置二维注释图形符号。符号是视图专有的注释图元，它们仅显示在其所在的视图中。

（5）"遮罩区域"命令

"遮罩区域"命令用于创建一个遮挡族中图元的图形。在创建二维族（如注释、详图、标题栏）时，可在项目或族编辑器中创建二维遮罩区域；在创建模型族时，可在族编辑器中创建三维遮罩区域。

3. "文字"面板

（1）"文字"命令

"文字"命令用于将文字（注释）添加到当前视图中。文字（注释）可根据视图自动调整输入，若视图比例改变，文字也将自动调整尺寸。

> 提示：与上文提到的"模型文字"命令不同。"模型文字"命令所创建的文字是三维文字，当族载入项目中使用时，在项目中可见；"文字"命令所创建的文字（注释）只能在族编辑器中看见，不会出现在项目中。

（2）"拼音检查"命令

"拼音检查"命令用于对选择集、当前视图或图纸中的文字注释进行拼音检查。

（3）"查找/替换"命令

"查找/替换"命令主要用于在打开的项目文件中查找并替换文字。

7.9 视图

视图选项卡包含"图形"、"创建"和"窗口"三个功能面板。

1. "图形"面板

（1）"可见性/图形替换"命令

"可见性/图形替换"命令用于控制模型图元、注释、导入和连接的图元以及工作集图元在视图中的可见性和图形显示。如图 7.9-1、图 7.9-2 所示。

图 7.9-1 图形面板

（2）"细线"命令

"细线"命令可使屏幕上所有的线以单一宽度显示，与缩放级别无关。如图 7.9-3所示。

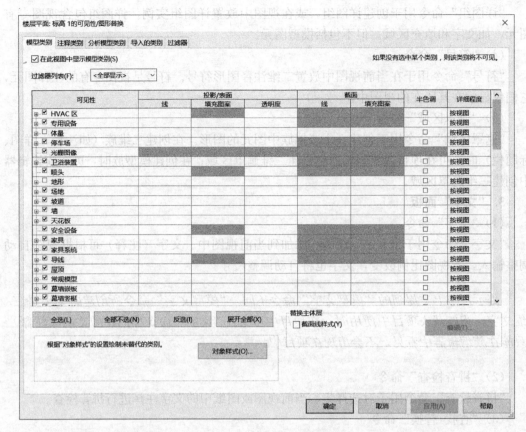

图 7.9-2 可见性/图形替换

图 7.9-3 细线命令

2. "创建"面板

(1) "默认三维视图"命令

"默认三维视图"命令。在默认三维视图中,可利用 ViewCube 修改视图方向等。

(2) "剖面"命令

"剖面"命令用于创建剖面视图。可以在平面、剖面、立面和详图视图中创建剖面视图。

(3) "相机"命令

"相机"命令可将相机放置在视图中,通过相机的透视图来创建透视三维视图。具体操作为:

单击"视图"选项卡下"创建"面板的"相机"命令,在选项栏设定标高和偏移量,选择适当位置单击鼠标左键放置相机，单击鼠标左键选择透视点，生成透视头。

调整三维透视图的范围框及视觉样式等：可通过编辑视图属性中的"视点高度"和"目标高度"来修改透视图。如图 7.9-4 所示。

图 7.9-4　相机命令

（4）"平面区域"命令

当部分视图由于构件高度或深度不同而需要设置与整体视图不同的视图范围时，可定义平面区域。视图中的多个平面区域不能彼此重叠，但它们可以具有重合边。

3. "窗口"面板

（1）"切换窗口"、"关闭隐藏对象"、"复制"、"层叠"和"平铺"命令均用于对当前绘图区域中绘图窗口显示状态的设置。

（2）"用户界面"命令

"用户界面"命令用于控制用户界面组件（包括状态栏和项目浏览器）的显示，位置在下拉菜单最下方，可对软件中的快捷键进行设置。如图 7.9-5 所示。

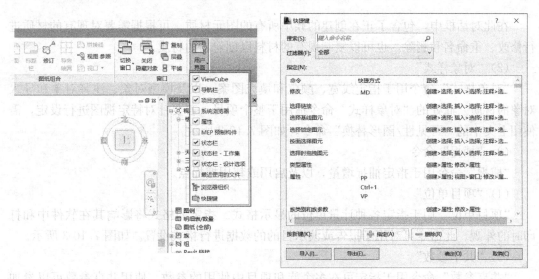

图 7.9-5　用户界面与快捷键设置

7.10　管理

"管理"选项卡中包含了"设置"、"管理项目"、"查询"和"宏"四个功能面板。

1. "设置"面板

(1) "材质"

单击"管理"选项卡下"设置"面板的"材质"命令，弹出对话框。如图 7.10-1 所示。

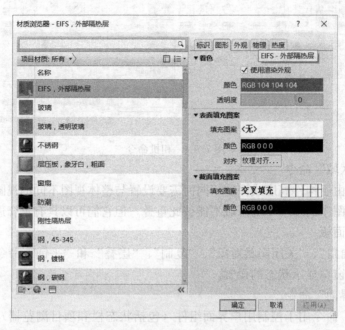

图 7.10-1　管理选项卡之材质命令

在此对话框中，包含了正在创建的族中所有的图元材质。可根据需要对现有的材质进行修改、重命名和删除，也可以复制现有的材料以创建新的材质。

(2) "对象样式"

"对象样式"命令用于指定线宽、颜色和填充图案，以及模型对象、注释对象和导入对象的材质。此处的"对象样式"命令适用于整个项目，若要针对特定视图进行设定，需使用上文中的"可见性/图形替换"命令，如图 7.10-2 所示。

(3) "捕捉"命令

"捕捉"命令用于指定捕捉增量，以及启用或禁用捕捉点。

(4) "项目单位"

"项目单位"用于指定各种计量单位的显示格式。指定的格式将影响其在软件中和打印时的外观。此命令可对用于报告或演示目的的数据进行格式设置。如图 7.10-3 所示。

(5) "共享参数"

"共享参数"命令用于指定可在多个族和项目中使用的参数。使用共享参数可以参加组文件或项目样板中尚未定义的特定数据。共享参数储存在一个独立于任何族或项目的文件中。如图 7.10-4 所示。

(6) "传递项目标准"

"传递项目标准"命令用于将选定的项目设置从另一个打开的项目中复制到当前的族里来，项目标准包括填充样式、线宽、材质、视图样板和对象样式等。

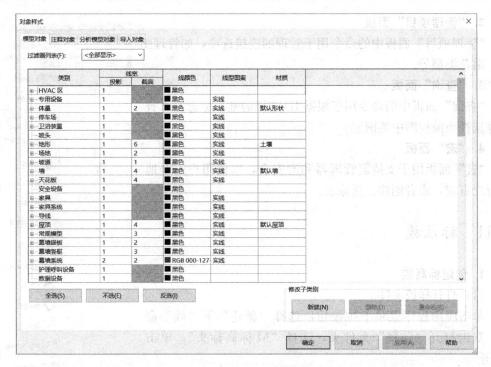

图 7.10-2　设置对象样式

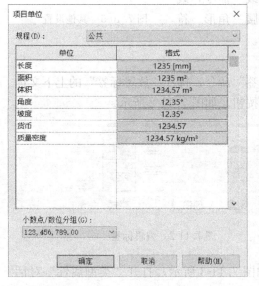

图 7.10-3　设置项目单位

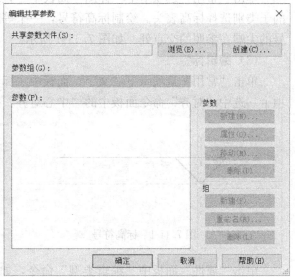

图 7.10-4　共享参数

（7）"清除未使用项"

"清除未使用项"命令用于从族中删除未使用的项，使用此工具能够缩小族文件的大小。

（8）"其他设置"

在"在其他设置"的下拉菜单中，可对填充样式、线宽、线性图案、箭头、临时尺寸标注等进行设置。如图 7.10-5 所示。

2. "管理项目"面板

"管理项目"面板中的命令用于管理的连接选项，如管理图像、贴花类型等。

3. "查询"面板

"查询"面板中的命令用于根据 ID 选择的唯一标志符来查找并选择当前视图中的图元。

4. "宏"面板

"宏"面板用于支持宏管理器和宏安全，以便用户安全地运行现有宏，或者创建、删除宏。

图 7.10-5　其他设置

7.11　标注族

1. 创建标高族

（1）打开样板文件

单击应用程序菜单下拉按钮，选择"新建"下"族"命令，双击打开"注释"文件夹，选择"M-标高标头"，单击"打开"。

（2）绘制标高符号

单击"常用"选项卡下"详图"面板中"直线"命令，线的子类别选择标高表头。绘制标高符号，一个等腰三角形。符号的尖端在参照的交点处。如图 7.11-1 所示。

（3）编辑标签

单击"常用"选项卡下"文字"面板中"标签"命令，打开"放置标签"的上下文选项卡。选中"对齐"命令面板中的"中心对齐"按钮。如图 7.11-2 所示。

图 7.11-1　标高符号　　　　　图 7.11-2　编辑标签

单击"属性"面板中"编辑类型"命令，如图 7.11-3 所示，打开"类型属性"对话框。可以调整文字大小、文字字体、下划线是否显示等。复制新类型 3.5mm，按照制图标准，将文字大小改成 3mm 或 3.5mm，宽度系数改成 0.7，单击完成。

（4）将标签添加到标高标记

单击参照平面的交点，以此来确定标签的位置，弹出"编辑标签"对话框，在"类别参数"下，选择"立面"，单击"添加"按钮，将"立面"参数添加到标签，单击确定，如图 7.11-4 所示。可以在样例值栏里写上想要使用的名称，单击"编辑"按钮，出现对话框，按照制图标准，标高数字应以"m"为单位，注写到小数点以后第三位，如图

图 7.11-3　定义标签属性参数

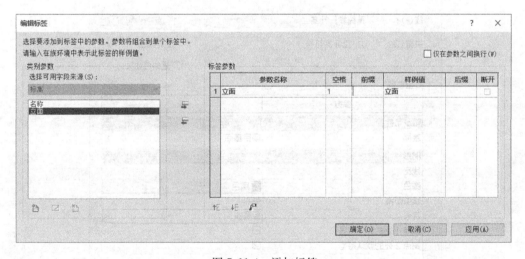

图 7.11-4　添加标签

7.11-5 所示，再单击确定。

立面标签位置应标注写在标高符号的左侧或右侧。如图 7.11-6 所示。

继续添加名称到标签栏。将立面和名称的标签类型都改成 3.5mm。将样板中自带的多余的线条和注意事项删掉，结果只留标高符号和标签。如图 7.11-7 所示。

（5）载入项目中进行测试

进入项目里的东立面视图，单击"常用"选项卡下"基准"面板中"标高"命令，单击"属性"面板中"编辑类型"命令，弹出类型属性对话框，调整类型参数，在符号栏里

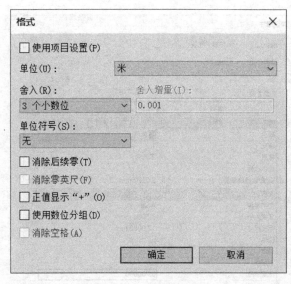

图 7.11-5　确定标签单位

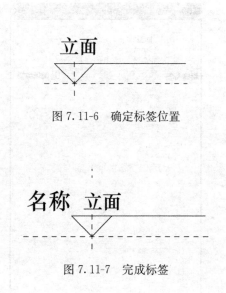

图 7.11-6　确定标签位置

图 7.11-7　完成标签

使用刚载入进去的符号。单击确定，绘制标高。如图 7.11-8、图 7.11-9 所示。测试成功。

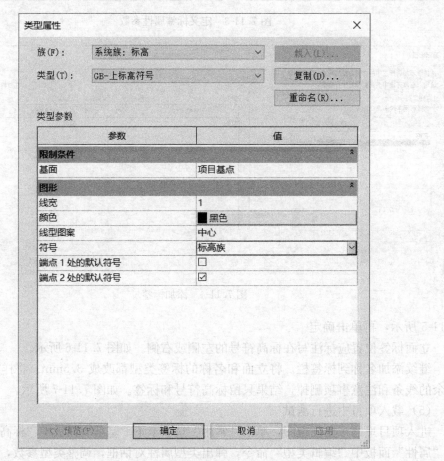

图 7.11-8　标签载入项目

2. 创建轴网标头

（1）打开样板文件

单击应用程序菜单下拉按钮，选择"新建"下"族"命令，双击打开"注释"文件夹，选择"M-轴网标头"单击"打开"。

（2）绘制轴网标头

按照制图标准，轴号圆应用细实线绘制，直径为 8～10mm。定位轴线圆的圆心，应在定位轴线的延长线或延长的折线上。

图 7.11-9　标签载入项目完成

单击"常用"选显卡下"详图"面板中"直线"命令，线的子类别选择轴网标头，删除族样板中的引线和注意事项。绘制轴网标头，一个直径为 9mm 的圆，圆心在参照线平面交点处。如图 7.11-10 所示。

（3）单击"常用"选项卡下"文字"面板中"标签"命令，打开"放置标签"的上下文选项卡。选中"对齐"面板中的"对齐"按钮，单击参照平面的交点，以此来确定标签的位置，弹出"编辑标签"对话框，在"类别参数"下，选中"名称"，单击"添加"按钮，将"名称"参数添加到标签，样例值随便写上一个数字或字母，比如 25。单击确定，将名称移动到原点。名称的标签类型选择 3.5mm。如图 7.11-11 所示。

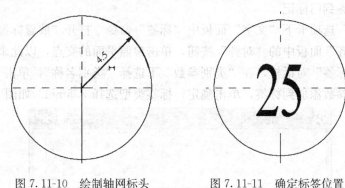

图 7.11-10　绘制轴网标头　　　　图 7.11-11　确定标签位置

（4）载入项目中进行测试。

进入项目里的 F1 视图，单击"常用"选项卡下"基准"面板中"轴网"命令，单击"属性"面板中"编辑类型"命令，弹出类型属性对话框，调整类型参数，在符号栏里使用刚载入进去的符号，如图 7.11-12 所示，单击确定，绘制轴网，如图 7.11-13 所示。测试成功。

3. 创建门窗标记

（1）打开样板文件

单击应用程序菜单下拉按钮，选择"新建"下"族"命令，双击打开"注释"文件夹，选择"门标记"，单击"打开"。

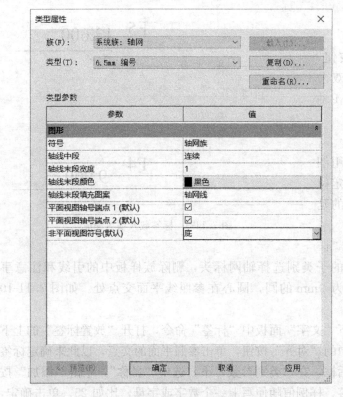

图 7.11-12 载入项目测试

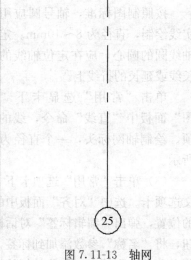

图 7.11-13 轴网

（2）添加标签到门标记

单击"常用"选项卡下"文字"面板中"标签"命令，打开"放置标签"的上下文选项卡。选中"对齐"面板中的"对齐"按钮，单击参照平面的交点，以此来确定标签的位置，弹出"编辑标签"对话框，在"类别参数"下选择"类别名称"，单击"添加"按钮，将"类型名称"参数添加到标签，单击确定，标签类型选择 3.5mm。如图 7.11-14 所示。

图 7.11-14 添加标签

有时在项目里为便于统计,可以将标记添加到标签参数里,再设置其可见性。

单击"常用"选项卡下"文字"面板中"标签"命令,打开"放置标签"的上下文选项卡。选中"对齐"面板中的"对齐"按钮。单击参照平面的交点,以此来确定标签的位置,弹出"编辑标签"对话框,在"类别参数"下,选择"标记",单击"添加"按钮,将"标记"参数添加到标签,单击确定,标签类型选择 3.5mm。如图 7.11-15、图 7.11-16所示。

图 7.11-15 编辑标签（1）

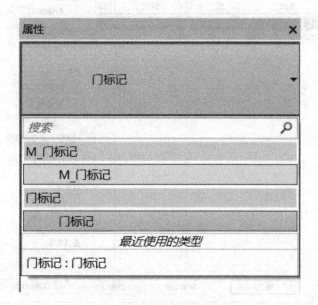

图 7.11-16 编辑标签（2）

（3）调整标记的可见性设置

选中标签"li"，单击"属性"面板中"可见"栏后面的按钮，弹出"关联族参数"对话框，单击"添加参数"命令，弹出"参数属性"对话框，在名称栏里命名名称，比如"标记可见"，单击确定。

单击"族类型"，会看到标记可见已经在参数栏里，如图 7.11-17、图 7.11-18 所示。

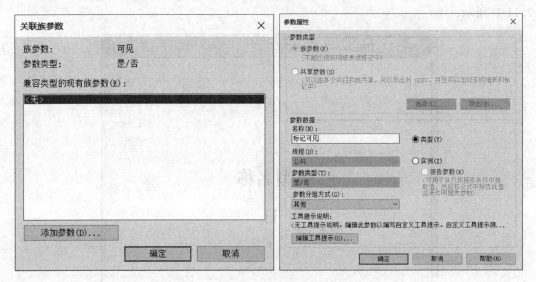

图 7.11-17　调整标记的可见性设置（1）

图 7.11-18　调整标记的可见性设置（2）

（4）载入到项目中进行测试

进入项目里的 F1 视图，单击"常用"选项卡下"构建"面板中"门"命令，在墙上插入门，门标记也相应出现。选中门标记，单击"属性"面板中"类型选择器"，选择刚载入进去的符号，得到的门标记如图 7.11-19 所示，选中门标记名单及"属性"面板中"编辑类型"命令，在弹出的类型属性对话框里，取消勾选标记可见，房间标记则不显示面积，如图 7.11-20、图 7.11-21 所示。测试成功。

图 7.11-19 载入项目中测试

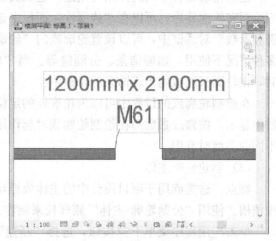

图 7.11-20 完成载入（1）

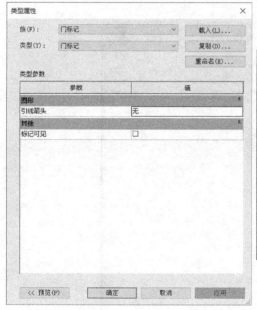

图 7.11-21 完成载入（2）

4. 创建轮廓族

（1）重点

1）理解族样板。

2）定位关系，确定是否需要参数。

3）载入项目后，轮廓族的通用性以及命令的区分。

（2）轮廓族的介绍

轮廓族的分类：主体轮廓族、分隔缝轮廓族、楼梯前缘轮廓族、扶手轮廓族和竖梃轮廓等。

这些轮廓族有不同的作用与用途。这些类别轮廓族在载入项目中具有一定的通用性。当绘制完轮廓族后，可以在"族属性"面板中选择"类别和参数"工具，在弹出的"族类别和参数"对话框中，可以设置轮廓族的"轮廓用途"，选择"常规"可以使该轮廓族在多种情况下使用，如墙饰条、分隔缝等。当"轮廓用途"选择"墙饰条"或其他某一种时，该轮廓只能被用于墙饰条的轮廓中。

在绘制轮廓族的过程中可以为轮廓族的定位添加参数。添加的参数不能在被载入的项目中显示，按修改参数乃在绘制轮廓族时起作用，所以定义的参数只有在为该轮廓族添加不同的类型时有用。

（3）创建轮廓主体

特点：这类族用于项目设计中的主体放样功能中的楼板边、墙饰条、屋顶封檐带、屋顶檐槽。使用"公制轮廓-主体"族样板来制作。

单击应用程序菜单下拉按钮，选择"新建"下"族"命令，打开"新族-选择样板文件"对话框，选择"公制轮廓-主体"族样板，在族样板文件中可以清楚地提示放样的插入点位于垂直、水平参照线的交点，主体的位置位于第二、三象限，轮廓草图绘制的位置一般位于第一、四象限。如图 7.11-22 所示。

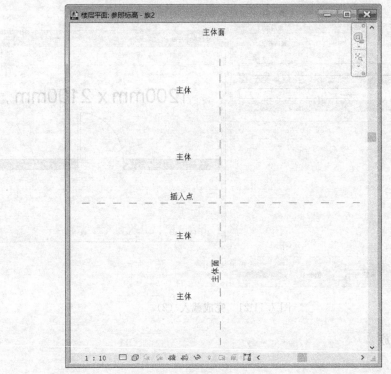

图 7.11-22　"公制轮廓—主体"族样板

（4）绘制轮廓线

单击"创建"选显卡下"详图"面板中"直线"命令，绘制图形。如图 7.11-23 所示。

（5）添加尺寸标签

在视图上添加参照平面，单击"注释"面板中"尺寸标注"命令为其添加尺寸标注。Esc 键结束尺寸标注，选择标注的尺寸，点击左上角的"标签"栏选择"添加参数"，弹出"参数属性"对话框，选择"族参数"，在"参数数据"下的"名称"选项卡中对参数输入名称"高度"点击确定。用相同方法添加其他参数。如图 7.11-24、图 7.11-25 所示。

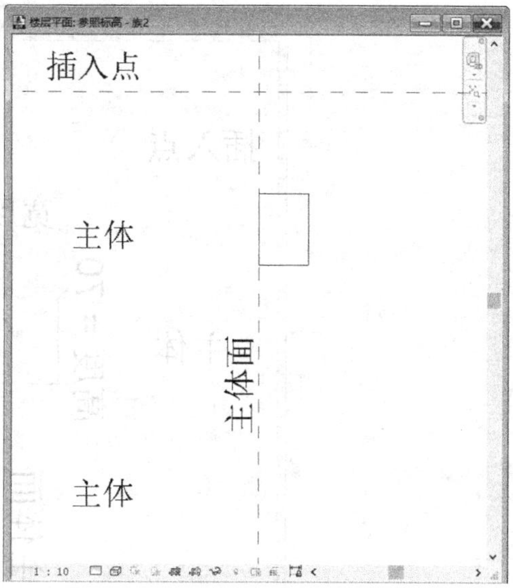

（6）载入项目中，以墙饰条来进行测试

图 7.11-23　绘制轮廓线

单击"常规"选项卡下"构建"面板中"墙"命令下拉菜单的"墙饰条"按钮，单击"属性"面板中"编辑类型"命令，在弹出的"类型属性"对话框中"构造"-"轮廓"栏中选择刚才载入的"族 1"。在项目浏览器里面可以选择刚载入的族 1 进行族类型属性（如刚刚添加的尺寸标签参数）更改。如图 7.11-26～图 7.11-28 所示。

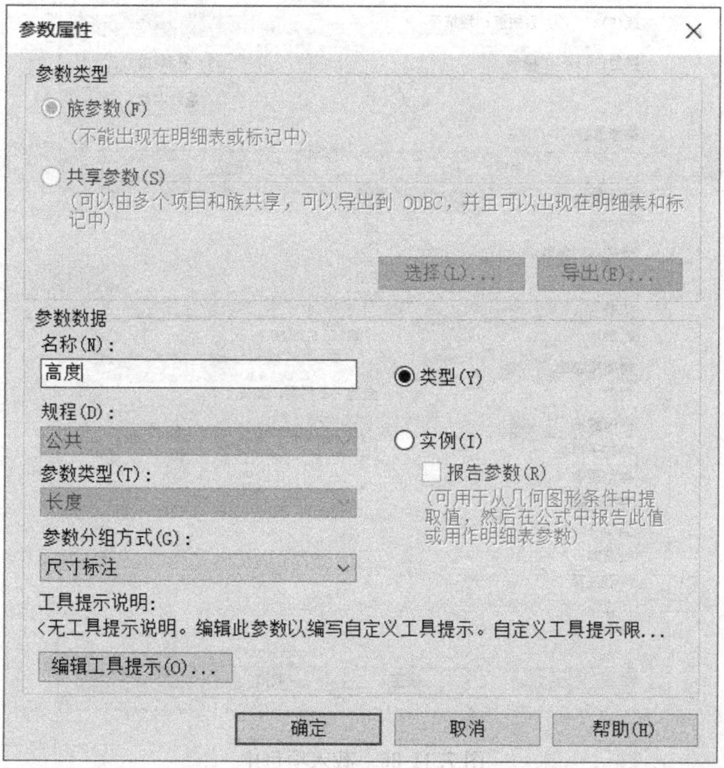

图 7.11-24　添加尺寸标签（1）

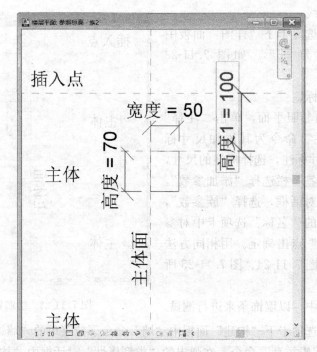

图 7.11-25　添加尺寸标签（2）

图 7.11-26　载入项目中

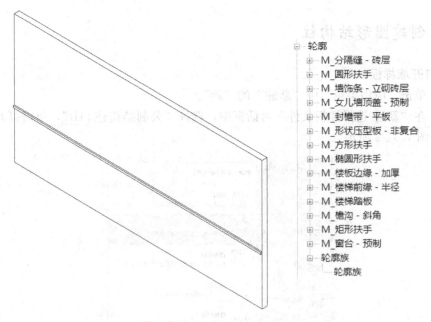

图 7.11-27　完成放置的模型

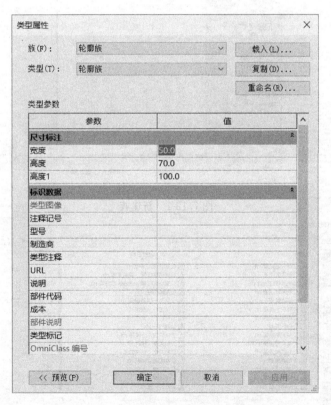

图 7.11-28　修改轮廓族的类型属性

7.12 创建圆形结构柱

1. 打开族样板

（1）单击"应用菜单"中"新建"的"族"。

（2）在"新建-选择样板文件"对话框中，选择"公制结构柱.rft"，单击打开，如图
7.12-1、图 7.12-2 所示。

图 7.12-1　新建族

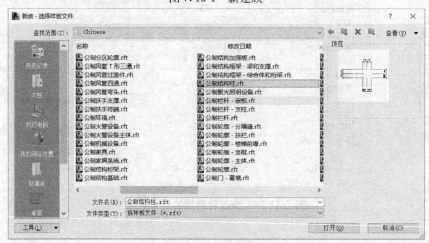

图 7.12-2　选择族样板

（3）修改原有族样板

在"楼层平面：低于参照标高"视图中删除原有族样板中不需要的参数及参照平面，另外"族类型"中的参数也要删除，如图7.12-3、图7.12-4所示。

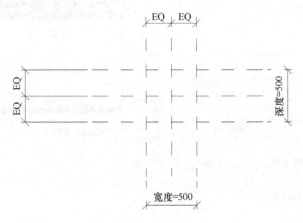

图7.12-3　创建参照平面

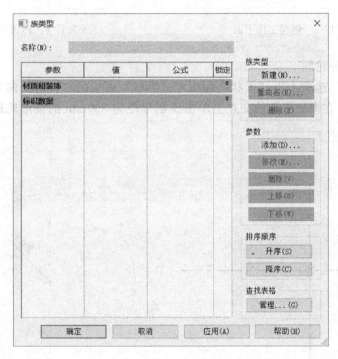

图7.12-4　定义族类型

2. 用"拉伸"命令创建结构柱形体

（1）设置绘图平面

打开立面"前"视图，单击"常用"选项卡下"工作平面"面板的"设置"命令，在弹出的对话框中，选择"识取一个平面"，单击"确定"；将鼠标放在"低于参照标高"线上，"Tab"键选择参照标高，并单击；转到视图"楼层平面：低于参照标高"，如图7.12-5、图7.12-6所示。

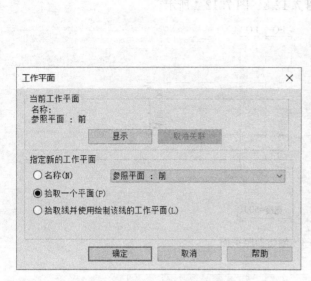

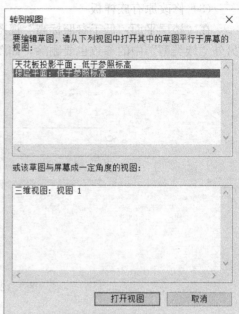

图 7.12-5　创建工作平面　　　　　　　　图 7.12-6　转到合适的视图

（2）绘制拉伸轮廓

单击"常用"选项卡下"形状"面板中"形状"面板的"拉伸"命令，进入绘图模式，单击"圆"，在参照平面的交点上单击绘制半径为 300mm 的圆形轮廓，如图 7.12-7 所示。

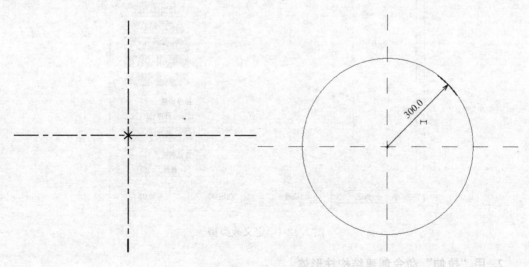

图 7.12-7　绘制拉伸轮廓

（3）锁定圆形形体中心

选中刚绘制的圆形轮廓，单击"属性"面板，勾选"使中心标记可见"；单击"修改"面板中"对齐"命令，或"AL"快捷键，把圆形中心与水平参照平面、垂直参照平面锁定，如图 7.12-8 所示。

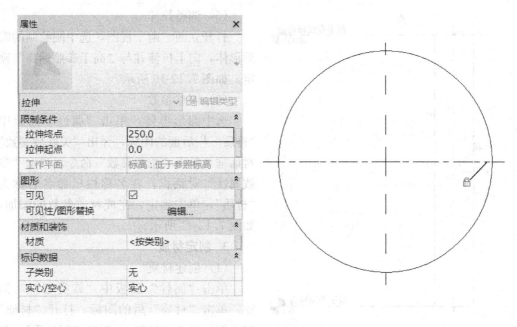

图 7.12-8 锁定圆心

（4）添加半径参数

单击"注释"选项卡下"尺寸标注"面板中"径向"命令，或"DI"快捷键，标注圆形半径；选中刚放置的尺寸标注，单击右上角的"标签"栏，选择"添加参数"，弹出"参数属性"对话框，选择"族参数"，在"参数数据"下的"名称"选项中对参数输入名称"半径"，单击"确定"，完成参数的添加。单击完成，完成拉伸绘制，如图 7.12-9所示。

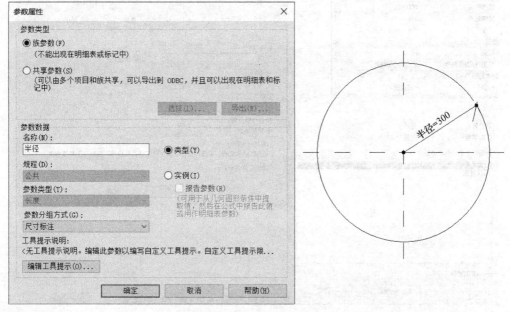

图 7.12-9 添加半径参数

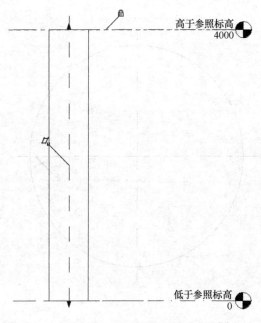

图 7.12-10　调整拉伸高度

（5）调整拉伸

打开立面"前"视图，选中刚绘制的圆形形体，向上拉伸并与"高于参照标高"锁定，如图 7.12-10 所示。

（6）调整参数

选中圆形形体，单击"属性"面板中"材质"栏后面的图标，弹出"关联族参数"对话框。单击"添加参数"命令，弹出"参数属性"对话框，在名称栏里命名名称为"材质"，单击确定，完成材质参数的添加，如图 7.12-11 所示。

3. 制定材质

（1）创建材质

单击"属性"面板中"族类型"对话框，单击"材质"后的图标，打开"材质"对话框，单击"复制"，新建"钢材质"；单击"确定"，完成材质创建。

（2）修改渲染外观

单击"渲染外观"，替换材质，在"渲染外观库"对话框中，现在"金属-钢"作为类

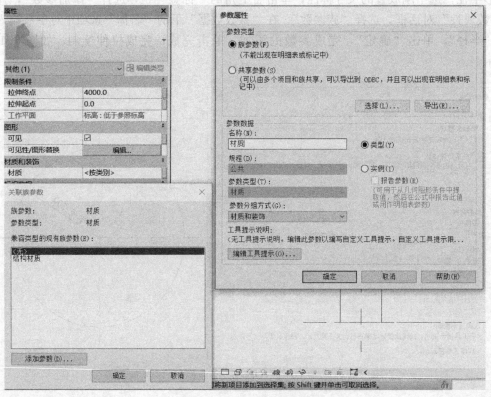

图 7.12-11　定义材质参数

别，并单击"缎光拉丝"，单击两次"确定"，完成材质的指定。

打开三维视图观察效果。

7.13 创建公制家具-沙发

1. 打开族样板

单击"应用菜单"中"新建"的"族"。在"新建-选择样板文件"对话框中，选择"公制家具.rft"，单击打开。

2. 绘制参照平面

（1）打开"参照标高"视图，单击"创建"选项卡下"基准"面板的"参照平面"命令，单击左键开始绘制，再次单击结束一条参照平面的绘制，具体定位不重要。

（2）定位参照平面单击"注释"选项卡下"尺寸标注"面板中"对齐"命令或快捷键"DI"，标注参照平面，连续标注会出现 EQ，单击 EQ，切换成使三个参照平面间距相等。如图 7.13-1 所示。

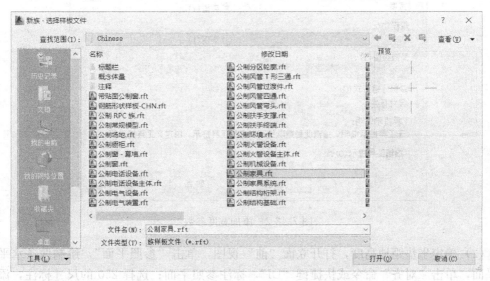

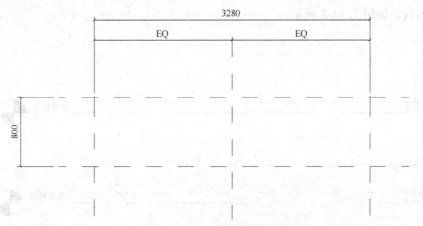

图 7.13-1 选择合适族样板

3. 添加参数选择刚放置的横向尺寸标注

（1）点击左上角的"标签"栏选择"添加参数"，弹出"参数属性"对话框，选择"族参数"，在"参数数据"下的"名称"选项中对参数输入名称"宽度"，单击"确定"；同样的方法添加长度参数；并修改参数来定位参照平面和确保参照平面的可调整。如图 7.13-2 所示。

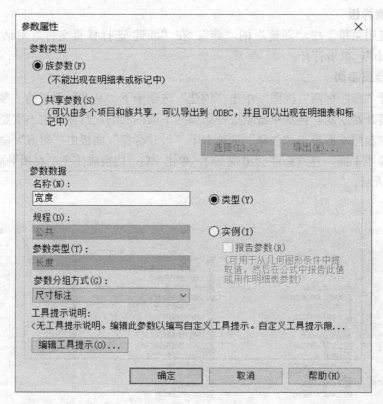

图 7.13-2 添加宽度参数

（2）确定坐垫距地高度，打开立面"前"视图，单击"参照平面"，绘制两条水平参照平面，单击"对齐"命令或快捷键"DI"，标注参照平面；选择 250 的尺寸标注，添加"高度"参数。如图 7.13-3 所示。

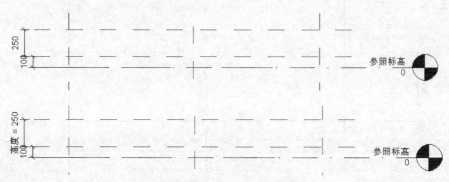

图 7.13-3 添加高度参数

4. 用"放样"命令制作坐垫边缘

（1）在立面"前"视图中，单击"创建"选项卡下"工作平面"面板的"设置"命令，在工作平面对话框中，选择"拾取一个工作平面"，单击"确定"；在视图中单击参照标高来选择工作平面；在"转到视图"对话框中，选择"楼层平面：参照标高"，单击"打开视图"。如图 7.13-4 所示。

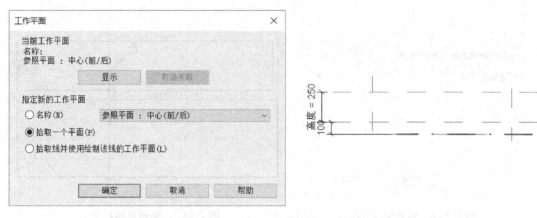

图 7.13-4 使用工作平面

（2）单击"创建"选项卡下"形状"面板的"放样"命令，单击"放样"面板下"绘制路径"命令，选择绘制路径，且和参照平面锁定，单击完成路径绘制。如图 7.13-5 所示。

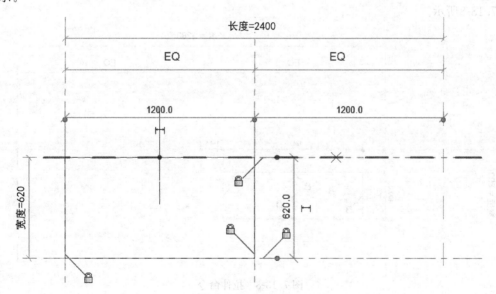

图 7.13-5 绘制放样路径

（3）单击"放样"面板中"编辑轮廓"命令，在弹出的对话框中单击"打开视图"，进入立面"右"视图，进行轮廓的绘制。如图 7.13-6 所示。

（4）单击绘制矩形，并与参照平面锁定，单击绘制圆角。两次单击完成放样。调整参数，确保坐垫的"长度"、"宽度"、"高度"等参数可调整。如图 7.13-7 所示。

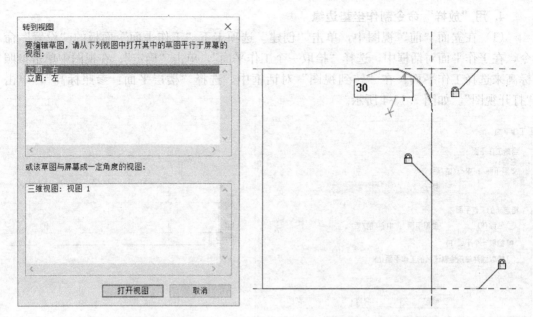

图 7.13-6 转到相应视图　　　　　图 7.13-7 编辑放样轮廓

5. 用"拉伸"命令制作坐垫面

（1）打开"参照标高"视图，单击"创建"选项卡下"形状"面板中"拉伸"命令，进入拉伸绘图模式，单击，拾取坐垫边缘内侧，且与坐垫边缘锁定，完成绘制。如图 7.13-8 所示。

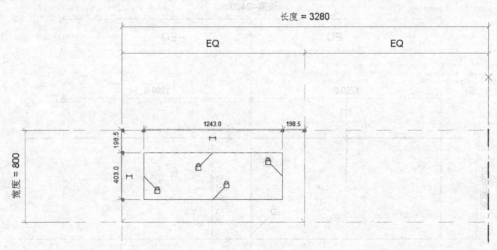

图 7.13-8 拉伸命令

打开立面"前"视图，选中刚拉伸绘制的形体，拉伸上部与坐垫边缘上部对齐锁定。如图 7.13-9 所示。

（2）打开三维视图，单击"修改"选项卡下"几何图形"面板中"连接"命令，单击坐垫边缘，再单击坐垫面，连接两者，调整参数，确保床板整体可调整。如图 7.13-10 所示。

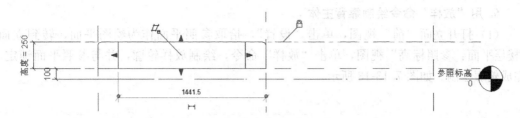

图 7.13-9　确定拉伸位置及尺寸

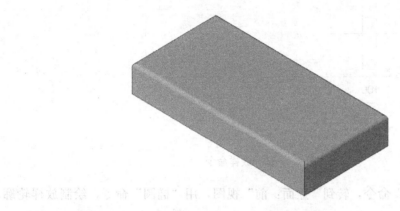

图 7.13-10　完成拉伸

（3）绘制参照平面，打开立面"前"视图，绘制水平参照平面，距离下方参照平面350mm，打开"参照平面"视图，绘制参照平面，"DI"快捷键进行标注。如图 7.13-11、图 7.13-12 所示。

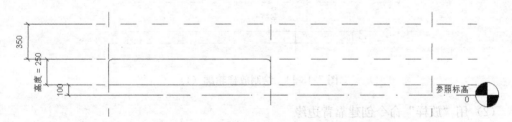

图 7.13-11　进行尺寸标注

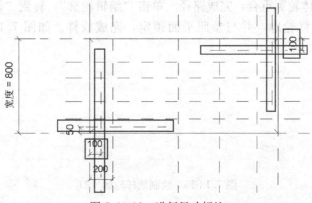

图 7.13-12　进行尺寸标注

6. 用"放样"命令绘制靠背主体

（1）打开立面"前"视图，单击"设置"，拾取参照平面作为绘图平面，转到立面"楼层平面：参照标高"视图，单击"放样"命令，绘制放样轮廓，并与参照平面锁定，完成轮廓绘制。如图 7.13-13 所示。

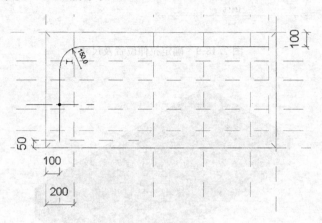

图 7.13-13　放样命令

单击"绘制轮廓"命令，转到"立面：前"视图，用"椭圆"命令，绘制放样轮廓。如图 7.13-14 所示。

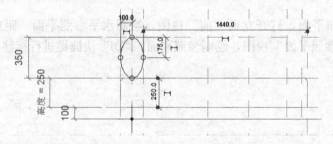

图 7.13-14　绘制放样轮廓（1）

（2）用"放样"命令创建靠背边缘

打开立面"前"视图，单击"放样"命令，进入绘图模式；用"椭圆"命令，绘制放样路径，与靠背主体轮廓重合，完成路径。单击"编辑轮廓"，转到"楼层平面：参照标高"视图，绘制放样轮廓，并与参照平面锁定，完成放样。如图 7.13-15～图 7.13-17 所示。

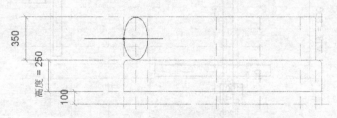

图 7.13-15　绘制放样轮廓（2）

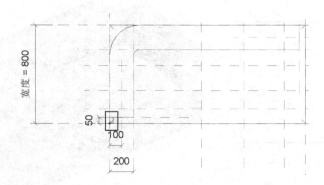

图 7.13-16　绘制放样轮廓（3）

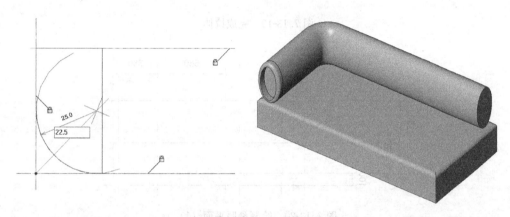

图 7.13-17　完成放样

（3）用"拉伸"命令调整靠背边缘

打开立面"前"视图，单击"拉伸"命令，用"椭圆"命令绘制轮廓，轮廓要与靠背边缘内侧对齐，完成拉伸。打开立面"右"视图，调整拉伸形体，并锁定，单击"修改"选项卡下"几何图形"面板中"连接"命令，连接拉伸的形体与靠背边缘。如图7.13-18、图 7.13-19 所示。

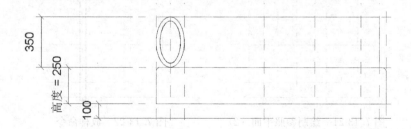

图 7.13-18　拉伸命令

7. 用"放样"与"拉伸"命令创建靠枕

（1）打开立面"前"视图，绘制参照平面，并标注尺寸。打开立面"右"视图绘制参照平面。如图 7.13-20、图 7.13-21 所示。

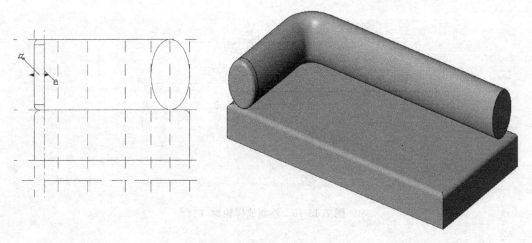

图 7.13-19　完成拉伸

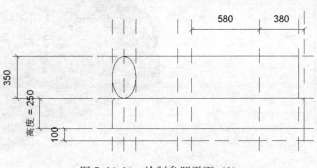

图 7.13-20　绘制参照平面 (1)

（2）用"放样"命令绘制靠枕边缘

打开立面"右"视图，单击"设置"命令，选择参照平面作为绘图平面，转到"立面：前"视图。如图 7.13-22 所示。

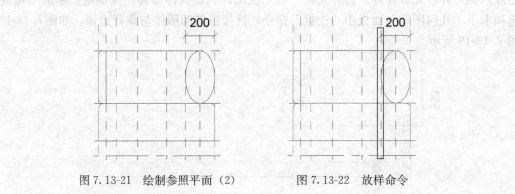

图 7.13-21　绘制参照平面 (2)　　　　　图 7.13-22　放样命令

（3）单击"放样"命令，绘制路径，并与参照平面锁定，完成路径绘制。单击"放样轮廓"，绘制轮廓，完成放样。如图 7.13-23 所示。

（4）用"拉伸"命令绘制靠枕面

打开立面"右"视图，单击"拉伸"命令，捕捉靠枕边缘内侧，绘制拉伸轮廓，且与

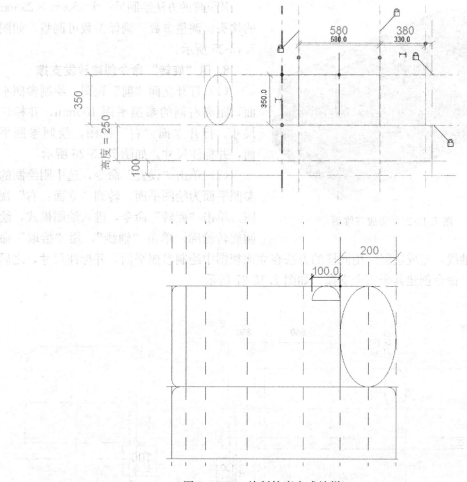

图 7.13-23 绘制轮廓完成放样

靠枕边缘锁定。如图 7.13-24 所示。

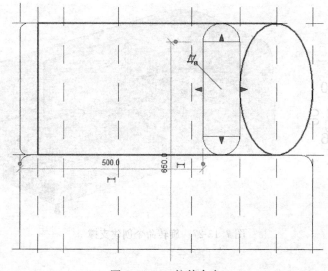

图 7.13-24 拉伸命令

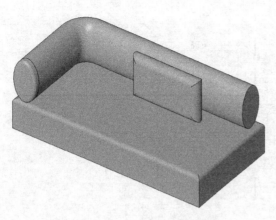

图 7.13-25　完成三维图

用同样的方法绘制另一个 250mm×250mm 的枕头。调整参数，确保参数可调整。如图 7.13-25 所示。

8. 用"旋转"命令创建沙发支撑

（1）打开立面"前"视图，绘制参照平面，距离右侧的参照平面 100mm，并标注尺寸。打开立面"右"视图，绘制参照平面，并标注尺寸。如图 7.13-26 所示。

（2）单击"设置"命令，选中刚绘制的参照平面为绘图平面，转到"立面：右"视图。单击"旋转"命令，进入绘图模式，绘制旋转轮廓；单击"轴线"，用"拾取"命令，拾取轴线，完成绘制。用同样的方法在立面视图中绘制参照平面，并标注尺寸，之后用"旋转"命令创建其余三个支撑。如图 7.13-27 所示。

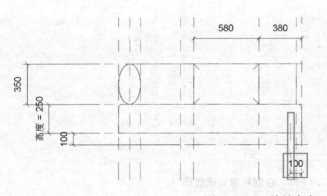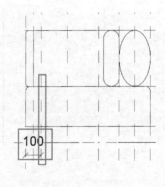

图 7.13-26　旋转命令

图 7.13-27　旋转命令创建支撑

9. 用"镜像-拾取轴"命令绘制另一半沙发

（1）打开"参照平面"视图，选中所有形体、垂直参照平面和参照平面的尺寸标注，但"长度"参数及尺寸标注、EQ标注、样板自带的"中心（左/右）"参照平面、最左边的垂直参照平面不选中。打开立面"前"视图、立面"右"视图选中在"参照平面"视图中没有选中的参照平面及尺寸标注，完成选择，打开"参照平面"视图，单击"镜像-拾取轴"命令，选中"中心（左/右）"参照平面作为轴，完成另一半沙发形体的复制。如图7.13-28所示。

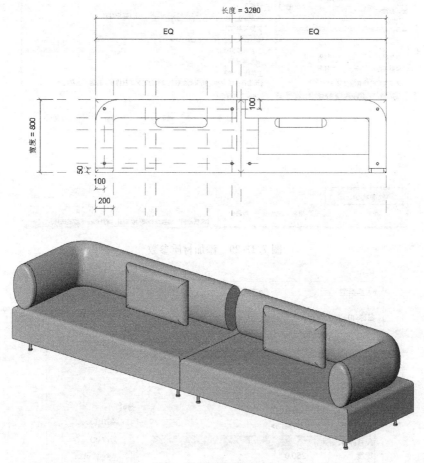

图 7.13-28　镜像命令

（2）添加参数。打开三维视图，选中坐垫，单击"属性"面板中"材质"栏后面的，弹出"关联族参数"对话框，单击"添加参数"命令，弹出"参数属性"对话框，在名称栏里命名名称为"坐垫材质"，单击确定。同样的方法添加靠背材质、靠枕材质 a、靠枕材质 b、支撑材质，并分别以"靠背材质"、"靠枕材质 a"、"靠枕材质 b"、"支撑材质"命名。如图7.13-29、图7.13-30所示。

10. 指定材质

（1）单击"属性"面板中"族类型"命令，单击"坐垫材质"行后的"按类别"，在弹出的对话框中新建"坐垫-织物"材质。如图7.13-31所示。

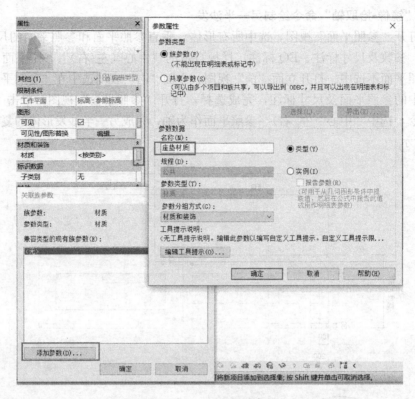

图 7.13-29　添加材质参数

图 7.13-30　添加数值参数

图 7.13-31 添加材质

（2）用同样的方法指定靠背材质、靠枕材质 a、靠枕材质 b、支撑材质，并分别以"靠背-织物"、"靠枕 a-织物"、"靠枕 b-织物"、"支撑-金属"为新建的材质名称，渲染外观分别指定为"织物"类型下"亚麻布-软呢"、"亚麻布-米色"、"天鹅绒-红色 1"、"金属-钢"类型下"抛光"。如图 7.13-32 所示。

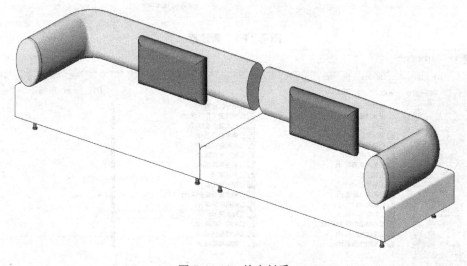

图 7.13-32 给定材质

7.14 创建公制家具-双人床

1. 打开视图样板

（1）单击"应用菜单"中"新建"的"族"。

（2）在"新建-选择样板文件"对话框中，选择"公制家具.rft"，单击打开，如图7.14-1、图7.14-2所示。

图 7.14-1　新建族

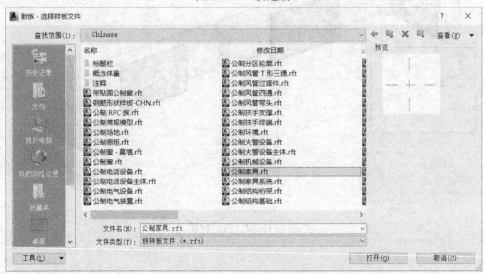

图 7.14-2　选择族样板

2. 用放样和拉伸命令制作床板

（1）绘制参照平面

打开"参照平面"视图，单击"常用"选项卡下"基准"面板中"参照平面"命令，单击左键开始绘制，再次单击，结束一条参照平面的绘制。如图 7.14-3 所示。

（2）定位参照平面

单击"注释"选项卡下"尺寸标注"面板中"对齐"命令或快捷键"DI"，标注参照平面，连续标注会出现 EQ，单击 EQ，使得三个参照平面间距相等，如图 7.14-4 所示。

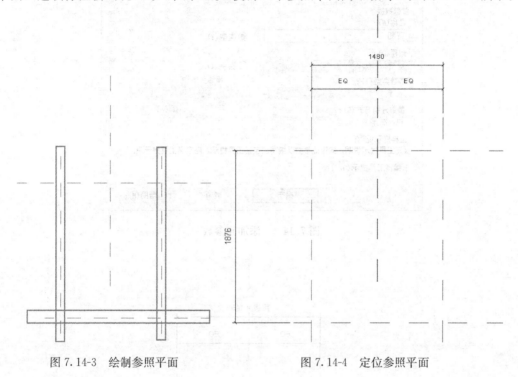

图 7.14-3　绘制参照平面　　　　　图 7.14-4　定位参照平面

（3）添加参数

选择刚放置的横向尺寸标注，单击左上角的"标注"栏选择"添加参数"，弹出"参数属性"对话框，选择"族参数"，在"参数数据"下的"名称"选项卡中输入名称"宽度"，单击"确定"；同样的方法添加长度参数，并修改参数来定位参照平面和确保参照平面可调整。如图 7.14-5、图 7.14-6 所示。

（4）确定床板距地高度

打开立面"前"视图，单击"参照平面"，绘制两条水平参照平面，单击"对齐"命令或快捷键"DI"，标注参照平面；选择 290 的尺寸标注，点击左上角的"标签"栏选择"添加参数"，弹出"参数属性"对话框，选择"族参数"，在"参数数据"下的"名称"选项中对参数输入名称"高度"，单击"确定"。如图 7.14-7 所示。

（5）放样绘制床板边缘

在立面"前"视图中，单击"常用"选项卡下"工作平面"面板中"设置"命令，在工作"旋转视图"对话框中，选择"楼层平面：参照标高"，并点击"打开视图"，如图 7.14-8、图 7.14-9 所示。

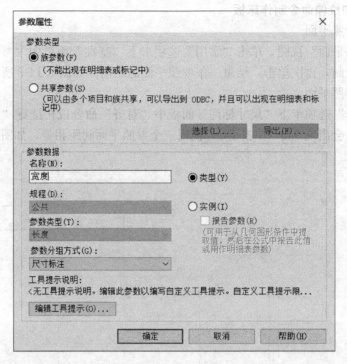

图 7.14-5　添加族参数

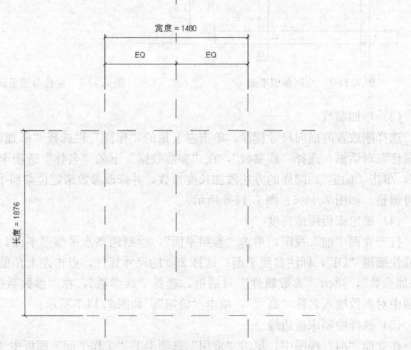

图 7.14-6　添加尺寸参数

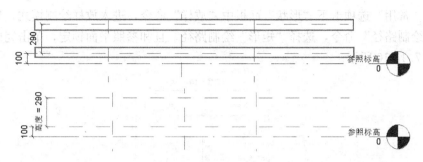

图 7.14-7 确定高度

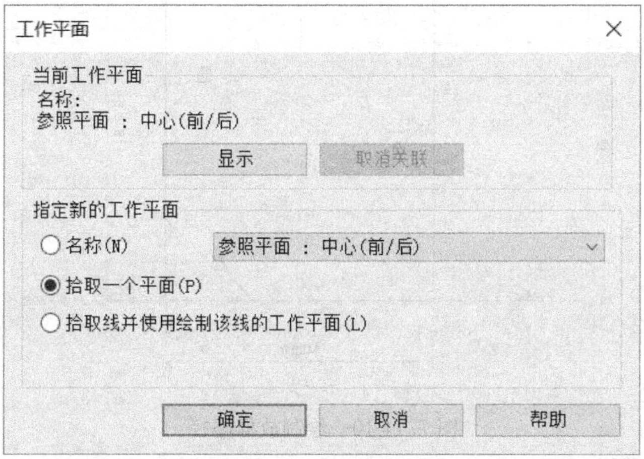

图 7.14-8 创建工作平面

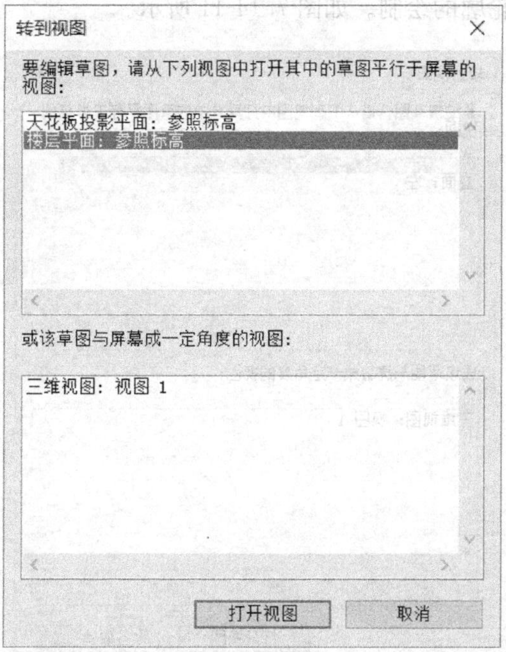

图 7.14-9 转到相应视图

点击"常用"选项卡下"形状"面板中"放样"命令，进入放样绘制模式，单击"放样"的"绘制路径"命令，选择"矩形"绘制路径，且和参照平面锁定，单击完成路径绘制，如图 7.14-10 所示。

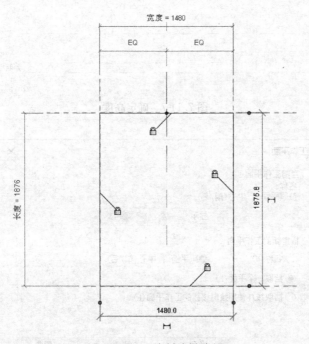

图 7.14-10　绘制放样路径

单击"放样"面板中"编辑轮廓"命令，在弹出的对话框中单击"打开视图"，进入立面"右"视图，进行轮廓的绘制。如图 7.14-11 所示。

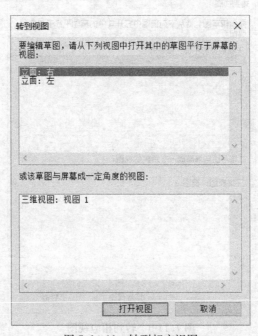

图 7.14-11　转到相应视图

单击"矩形"命令绘制矩形，并与参照平面锁定，单击"转角"命令绘制圆角，如图 7.14-12、图 7.14-13 所示。

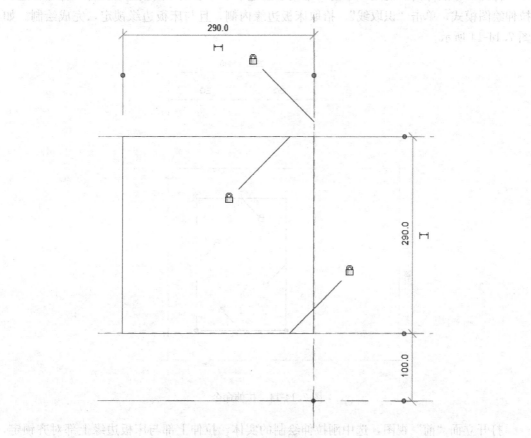

图 7.14-12 绘制放样轮廓

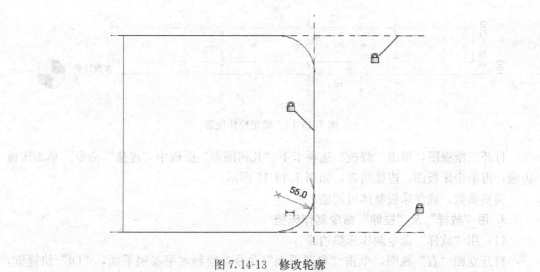

图 7.14-13 修改轮廓

两次单击完成放样。调整参数，确保床板的"长度"、"宽度"、"高度"可调整。

（6）用"拉伸"命令创建床板面

打开"参照标高"视图，单击"常用"选显卡下"形状"面板中"拉伸"命令，进入拉伸绘图模式，单击"识取线"，拾取床板边缘内侧，且与床板边缘锁定，完成绘制。如图 7.14-14 所示。

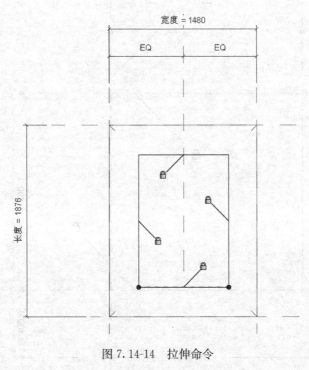

图 7.14-14　拉伸命令

打开立面"前"视图，选中刚拉伸绘制的实体，拉伸上部与床板边缘上部对齐锁定，如图 7.14-15 所示。

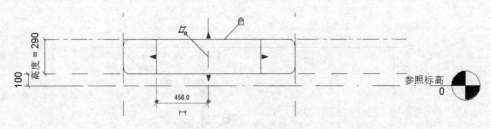

图 7.14-15　确定拉伸位置

打开三维视图，单击"修改"选项卡下"几何图形"面板中"连接"命令，单击床板边缘，再单击床板面，连接两者，如图 7.14-16 所示。

调整参数，确保床板整体可调整。

3. 用"放样"及"拉伸"命令制作床垫

（1）用"放样"命令制作床垫边缘

打开立面"右"视图，单击"参照平面"命令，绘制水平参照平面，"DI"快捷键，标注刚放置的参照平面和其下的一个参照平面，如图 7.14-17 所示。

（2）单击"设置"命令，在弹出的对话框中选择"拾取一个平面"，单击确定，单击

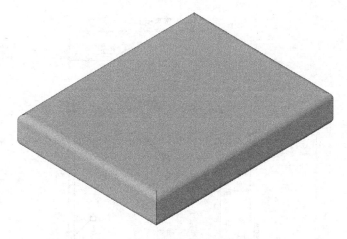

图 7.14-16 拉伸创建的三维模型

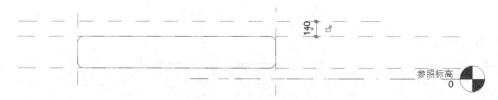

图 7.14-17 标注参照平面

刚绘制的参照平面下方的水平参照平面，转到视图"楼层平面：参照标高"；单击"放样"命令，用和创建床板边缘同样的方法绘制路径。如图 7.14-18、图 7.14-19 所示。

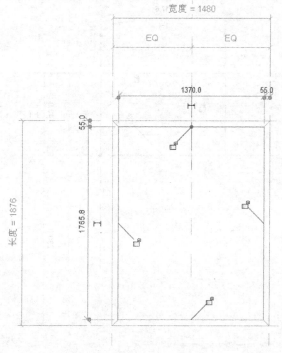

图 7.14-18 绘制放样路径（1）

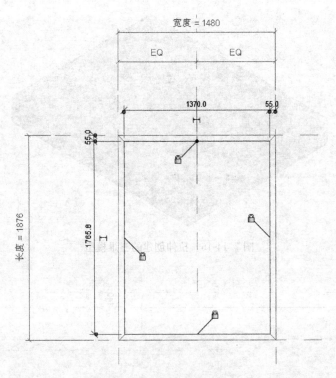

图 7.14-19　绘制放样路径（2）

（3）单击完成路径绘制，单击"编辑轮廓"命令，绘制轮廓。如图 7.14-20、图 7.14-21所示。

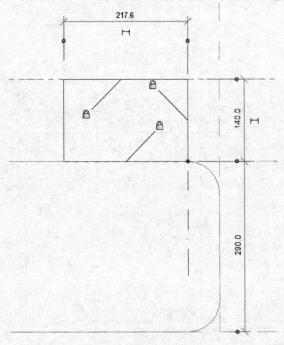

图 7.14-20　绘制放样轮廓（1）

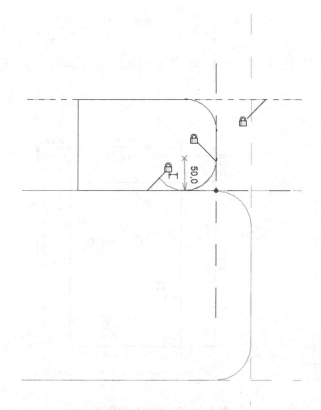

图 7.14-21 修改放样轮廓（2）

（4）完成放样，调整参数，确保参数可调整。

（5）用"拉伸"命令绘制床垫面。

（6）打开"参照标高"视图，单击"拉伸"命令，绘制拉伸轮廓，且与刚绘制的床垫边缘锁定，完成绘制，打开立面"前"视图，拉伸刚绘制的床垫面，使其上部与上部的参照平面对齐锁定。如图 7.14-22、图 7.14-23 所示。

打开三维视图，单击"连接"命令，连接床垫边缘与床垫面，再次测试参数，完成床垫的绘制。如图 7.14-24 所示。

4. 用"拉伸"命令创建靠背

（1）绘制参照平面

打开立面"右"视图，绘制参照平面，距离左侧参照平面 95mm，"DI"快捷键进行标注。如图 7.14-25 所示。

（2）绘制拉伸轮廓

打开立面"前"视图，单击"设置"，拾取参照平面作为绘图平面，转到立面"右"视图，单击"拉伸"命令，绘制拉伸轮廓，且与参照平面锁定，完成拉伸。如图 7.14-26 所示。

（3）调整拉伸

打开"前"视图，调整拉伸，且与两边参照平面对齐锁定，如图 7.14-27 所示。

测试参数，确保参数可调整。如图 7.14-28 所示。

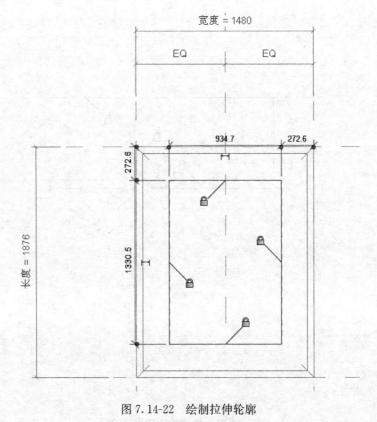

图 7.14-22　绘制拉伸轮廓

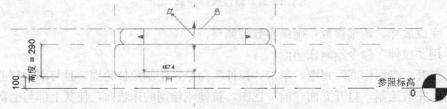

图 7.14-23　确定拉伸位置

图 7.14-24　连接模型

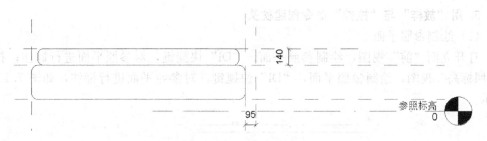

图 7.14-25 绘制参照平面

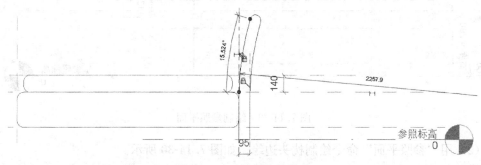

图 7.14-26 绘制拉伸轮廓

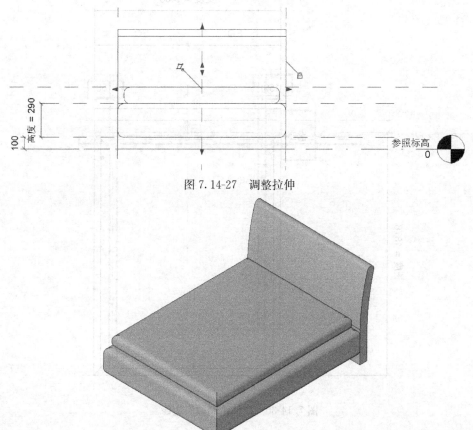

图 7.14-27 调整拉伸

图 7.14-28 调整测试参数

5. 用"放样"与"拉伸"命令创建枕头

（1）绘制参照平面

打开立面"前"视图，绘制参照平面。"DI"快捷键，对参照平面进行标注；打开"参照标高"视图，绘制参照平面，"DI"快捷键，对参照平面进行标注，如图 7.14-29 所示。

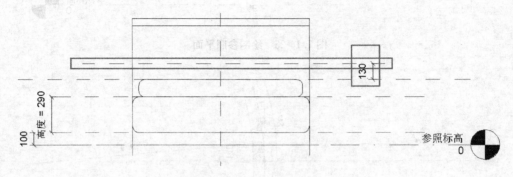

图 7.14-29　绘制参照平面

（2）用"参照平面"命令绘制枕头边缘。如图 7.14-30 所示。

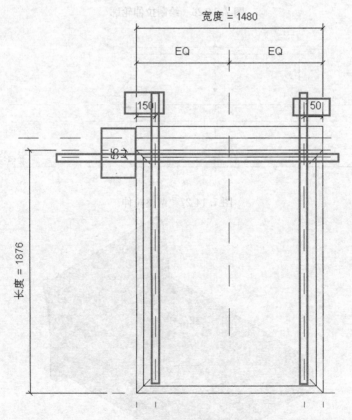

图 7.14-30　拉伸绘制枕头边缘

打开立面"前"视图，单击"设置"命令，选择参照平面作为平面，如图 7.14-31 所示。

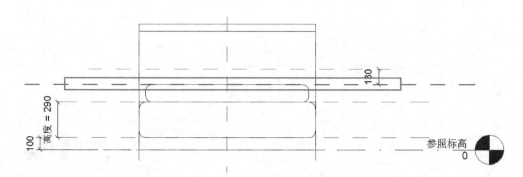

图 7.14-31 利用参照平面确定拉伸位置

转到"楼层平面：参照标高"视图，单击"放样"命令，绘制路径，"DI"快捷键进行标注，如图 7.14-32 所示。

完成路径绘制，绘制轮廓（矩形具体长度不重要，但不能太长，以免超过一半路径，导致无法生成放样），且与参照平面锁定。如图 7.14-33、图 7.14-34 所示。

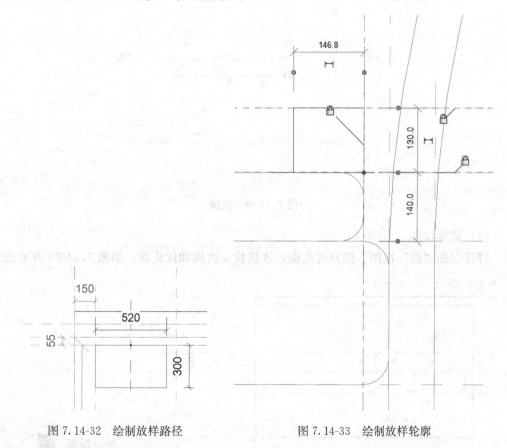

图 7.14-32 绘制放样路径   图 7.14-33 绘制放样轮廓

（3）用"拉伸"命令绘制枕头

打开"参照标高"视图，单击"拉伸"命令，捕捉边缘内侧，绘制拉伸轮廓，且与枕头边缘锁定。如图 7.14-35 所示。

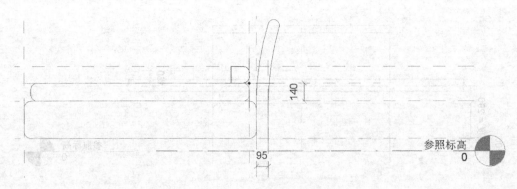

图 7.14-34　修改放样轮廓

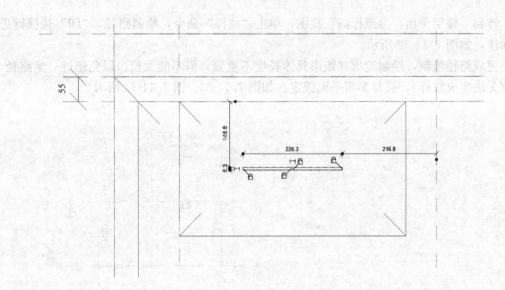

图 7.14-35　拉伸

（4）调整拉伸

打开立面"前"视图，调整枕头面，连接枕头边缘和枕头面。如图 7.14-36 所示。

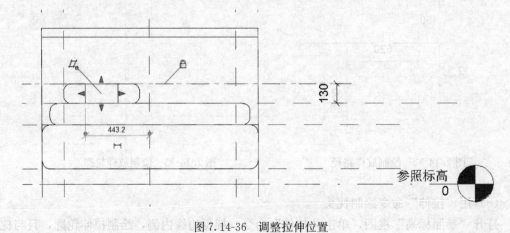

图 7.14-36　调整拉伸位置

　　用同样的方法绘制另外一个枕头，或在"参照标高"视图中用"镜像"命令，复制另外一个枕头，但注意参照平面锁定和枕头边缘与枕头面的链接，并测试参数，确保参数可调整。如图 7.14-37 所示。

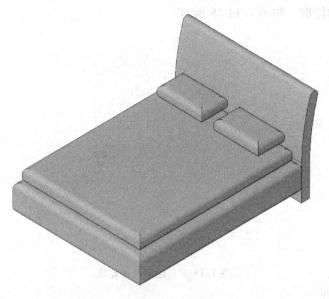

图 7.14-37　完成模型

6. 用"拉伸"命令制作被褥

（1）绘制参照平面

打开"参照标高"视图，绘制四条参照标高，"DI"快捷键标注尺寸。如图 7.14-38 所示。

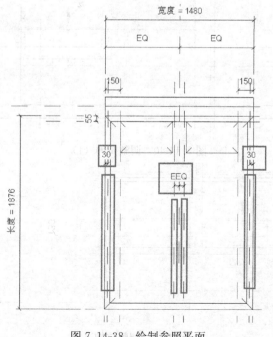

图 7.14-38　绘制参照平面

（2）用"拉伸"命令绘制

打开立面"右"视图，单击"拉伸"命令，进入绘图模式，单击"样条曲线"命令，绘制拉伸轮廓，轮廓具体弧线重合，使其与现实情况相符合，两条曲线垂直距离约18mm，完成拉伸轮廓。如图 7.14-39 所示。

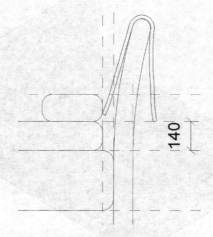

图 7.14-39　绘制拉伸轮廓

（3）调整拉伸

打开立面"前"视图，调整拉伸，与左右两边相应参照平面对齐锁定，用"镜像"命令复制另一个被褥，用"对齐"命令或"AL"快捷键与左右两边相应参照平面对齐锁定。如图 7.14-40、图 7.14-41 所示。

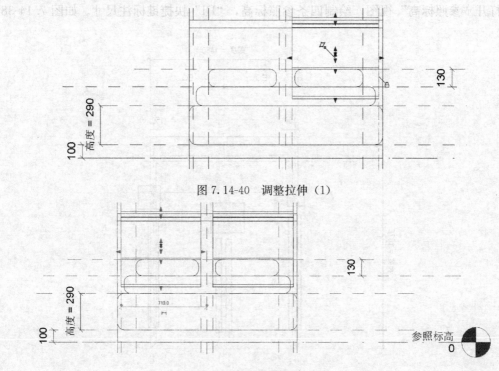

图 7.14-40　调整拉伸（1）

图 7.14-41　调整拉伸（2）

（4）测试参数，确保参数可调整。如图 7.14-42 所示。

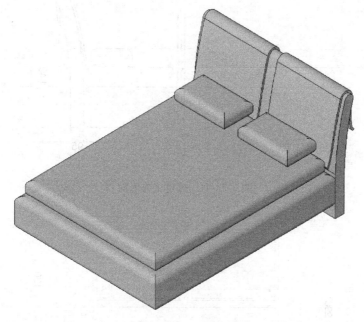

图 7.14-42　完成模型

7. 用"放样"命令绘制床饰

（1）绘制参照平面

打开立面"右"视图，单击"设置"命令，拾取参照平面作为绘图平面，转入立面"前"视图。如图 7.14-43 所示。

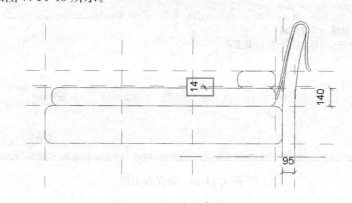

图 7.14-43　绘制参照平面

（2）用"放样"命令绘制床装饰

打开立面"右"视图，单击"设置"命令，拾取参照平面作为绘图平面，转入立面"前"视图。如图 7.14-44 所示。

单击"放样"命令，进入绘图模式，绘制放样路径，并锁定，如弹出警告对话框，单击"取消"。如图 7.14-45、图 7.14-46 所示。

单击"绘制轮廓"，绘制放样轮廓，并锁定，完成放样。如图 7.14-47 所示。

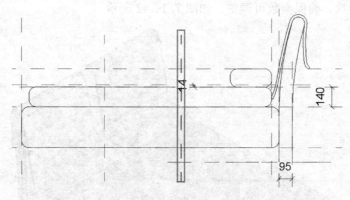

图 7.14-44　确定工作平面

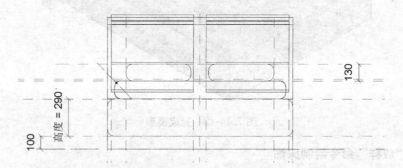

图 7.14-45　绘制放样路径

图 7.14-46　错误提示框

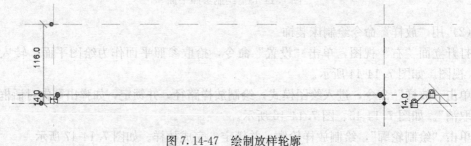

图 7.14-47　绘制放样轮廓

（3）测试参数，确保参数可调整。如图 7.14-48 所示。

图 7.14-48　测试参数完成

8. 添加材质参数

（1）添加参数

打开三维视图，选中全部，单击"属性"面板中"材质"栏后面的图标，弹出"关联族参数"对话框，单击"添加参数"命令，弹出"参数属性"对话框，在名称栏里命名名称为"材质"，单击确定。如图 7.14-49 所示。

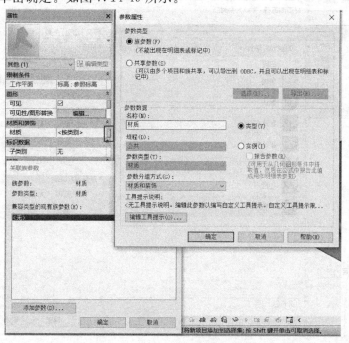

图 7.14-49　添加材质参数

（2）调整材质

单击"属性"面板中"族类型"命令，单击"材质"栏后的图标，在弹出的对话框中新建"织物"材质，并调整"图形"列表下的"着色"。如图 7.14-50、图 7.14-51 所示。

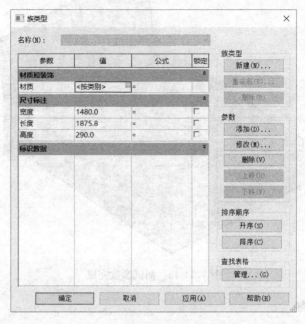

图 7.14-50　添加材质（1）

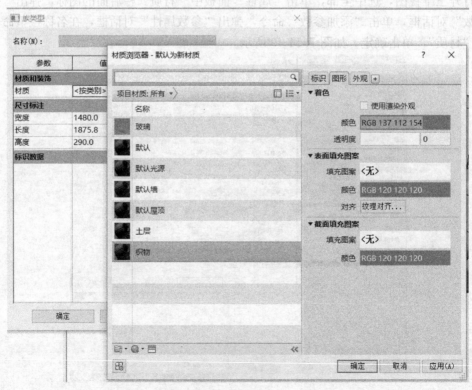

图 7.14-51　添加材质（2）

单击"渲染外观",替换材质,调整颜色,单击"确定"完成材质调整,如图 7.14-52~图 7.14-54 所示。

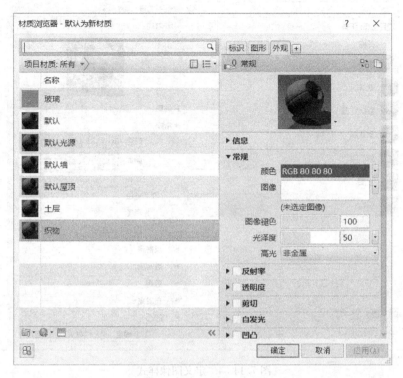

图 7.14-52 完成材质调整

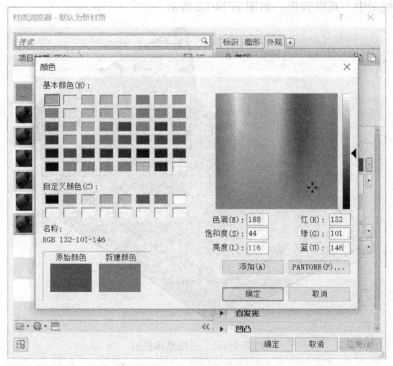

图 7.14-53 调整外观颜色

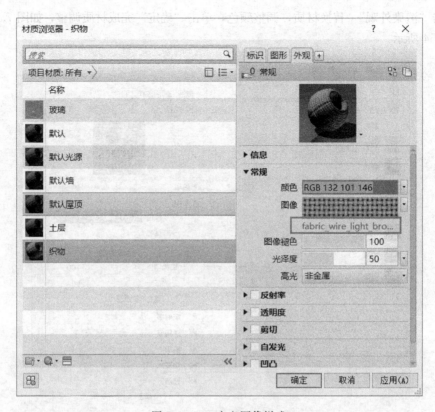

图 7.14-54 定义图像样式

在三维视图中，观察效果。如图 7.14-55 所示。

图 7.14-55 三维整体模型

练习：

1. 创建如图 7.14-56 中的螺母模型，螺母孔的直径为 20mm，正六边形边长 18mm、各边距孔中心 16mm，螺母高 20mm。

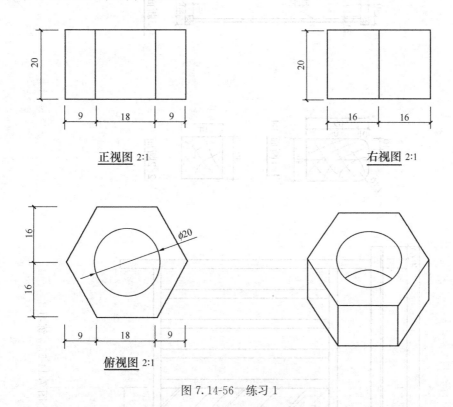

图 7.14-56　练习 1

2. 图 7.14-57 为某栏杆。请按照图示尺寸要求新建并制作栏杆的构件集，截面尺寸除扶手外其余杆件均相同。材质方面，扶手及其他杆件材质设为"木材"，挡板材质设为"玻璃"。

3. 创建如图 7.14-58 中的榫卯结构，并建在一个模型中，将该模型以构件集保存。

4. 根据图 7.14-59 中给定的轮廓与路径，创建内建构件模型。

5. 按照图 7.14-60 给出的沙发正投影视图，创建沙发构件集模型。通过构件集参数的方式，将沙发坐垫和底座分别设置不同的材质。通过调整参数，形成两套方案。其中一套方案为：坐垫材质为皮，底座材质为钢；另一套方案为：坐垫材质为布，底座材质为不锈钢。

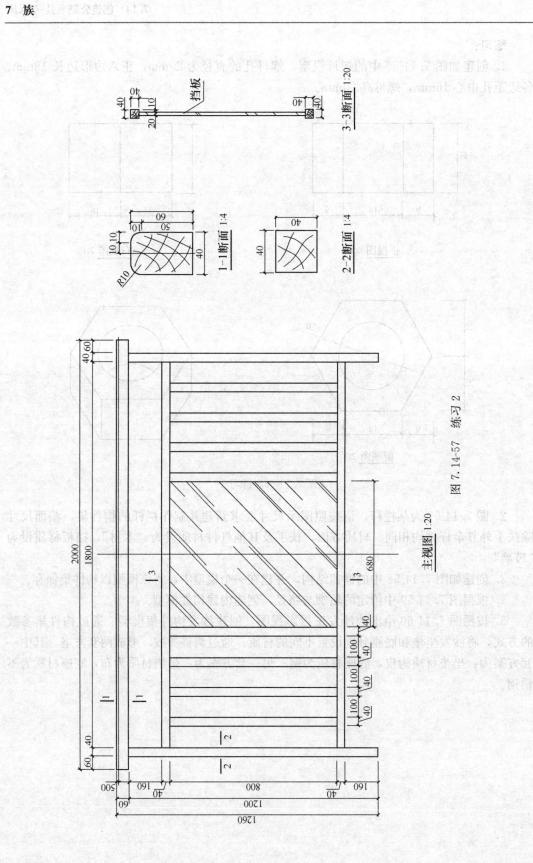

图 7.14-57 练习 2

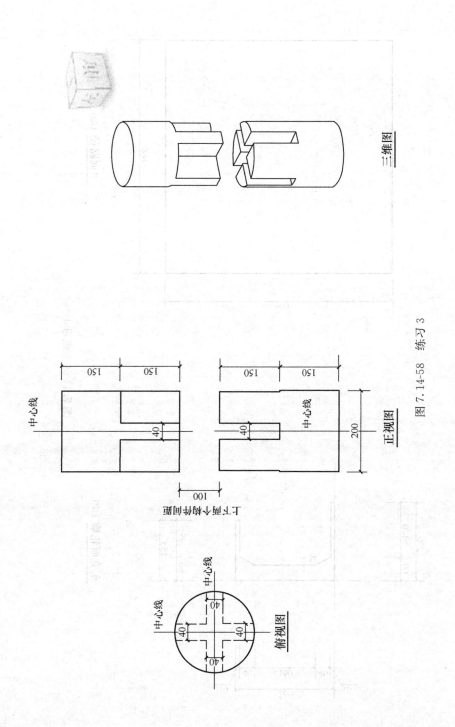

图 7.14-58 练习 3

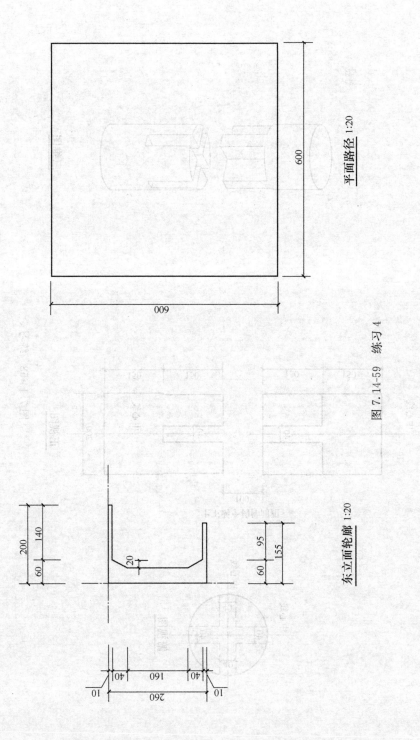

平面路径 1:20

东立面轮廓 1:20

图 7.14-59 练习 4

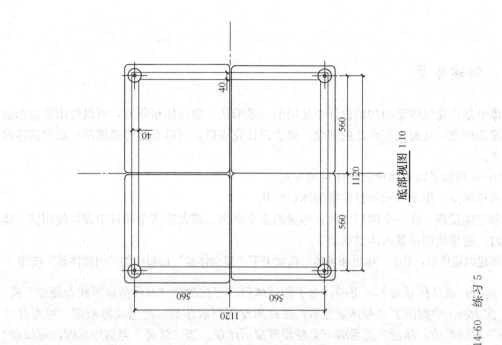

底部视图 1:10

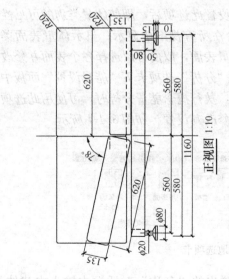

正视图 1:10

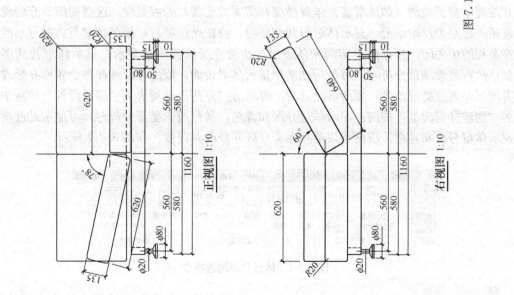

右视图 1:10

图 7.14-60　练习 5

8 体量的创建与编辑

8.1 创建体量

体量是在建筑模型的初始设计中使用的三维形状。通过体量研究，可以使用造型形成建筑模型概念，从而探究设计的理念。概念设计完成后，可以直接将建筑图元添加到这些形状中。

Revit 提供了以下两种创建体量的方式。

内建体量：用于表示项目独特的体量形状。

创建体量族：在一个项目中放置体量的多个实例，或者在多个项目中需要使用同一体量族时，通常使用可载入体量族。

新建内建体量：单击"体量和场地"选项卡下"概念体量"面板中的"内建体量"按钮。

> 提示：默认体量为不可见的，为了创建体量，可先激活"显示体量形状和楼层"模式。在 Revit 中提供了 4 种体量显示：按视图设置显示体量，此选项将根据"可见性/图形"对话框中"体量"类别的可见性设置显示体量。当"体量"类别可见时，可以独立控制体量子类别（如体量墙、体量楼层和图案填充线）的可见性。这些视图专有的设置还决定是否打印体量。显示体量形状和楼层：设置此选项后，即使体量类别的可见性在某视图中关闭，所有体量实例和体量楼层也会在所有视图中显示；显示体量表面类型：执行概念能量分析时，可使用此选项显示体量表面，以便可以选择各个表面并修改其图形外观或能量设置，要激活此选项，可单击"分析"选项卡下"能量设置"面板中的"创建能量模型"按钮；显示体量分区和着色：执行概念能量分析时，可使用此选项显示体量分区和着色，以便可以选择各个分区并修改其设置。如图 8.1-1 所示。

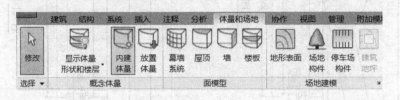

图 8.1-1 体量和场地选项卡

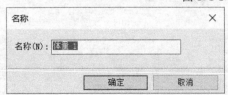

图 8.1-2 输入体量名称

在弹出的"名称"对话框中输入内建体量族的名称，然后单击"确定"按钮，即可进入内建体量的草图绘制模型。如图 8.1-2 所示。

Revit 将自动打开如图 8.1-3 所示的"内建模型体量"上下文选项卡，列出了创建体量的常用工具。可以通过绘制、载入或导入的方法得到需要被拉伸、旋转、放样、融合的一个或多个几何图形。

图 8.1-3　功能面板

可用于创建体量的线类型包括下列几种。

模型：使用线工具绘制的闭合或不闭合的直线、矩形、多边形、圆、圆弧、样条曲线、椭圆、椭圆弧等都可以被用于生成体块或面。

参照线：使用参照线来创建新的体量或者创建体量的限制条件。

由点创建的线：单击"创建"选项卡下"绘制"面板中"模型"工具中的"通过点的样条曲线"，将基于所选点创建一个样条曲线，自由点将成为线的驱动点。通过拖拽这些点可修改样条曲线路径。如图 8.1-4 所示。

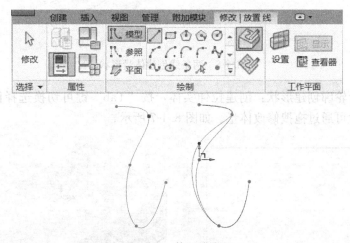

图 8.1-4　体量线类型

导入的线：外部导入的线。

另一个形状的边：已创建的形状的边。

来自已载入族的线或边：选择模型线或参照，然后单击"创建形状"按钮。参照可以包括族中几何图形的参照线、边缘、表面或曲线。

创建不同形式的内建体量：

通过选择上一步的方法创建的一个或多个线、顶点、边或面，单击"修改线"选项卡下"形状"面板中的"创建形状"按钮可创建精确的实心形状或空心形状。通过拖拽这些形状可以创建所需的造型，可直接操纵形状。不再需要为更改形状造型而进入草图模式。

选择一条线创建形状：线将垂直向上生成面。如图 8.1-5 所示。

选择两条线创建形状：选择两条线创建形状时，预览图形下方可选择创建方式，可以选择以直线为轴旋转弧线，也可以选择两条线作为形状的两边形成面。如图 8.1-6 所示。

图 8.1-5　体量实心形状

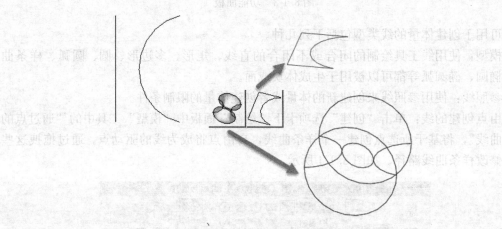

图 8.1-6　两条线创建体量形状

选择一闭合轮廓创建形状：创建拉伸实体，按"Tab"键可切换选择体量的点、线、面、体，选择后可通过拖拽修改体量。如图 8.1-7 所示。

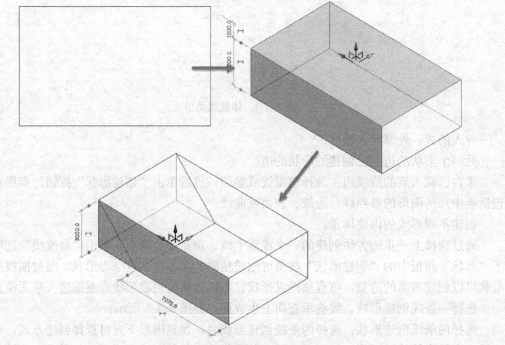

图 8.1-7　可通过拖拽改变体量形状

选择两个及以上闭合轮廓创建形状：如图所示，选择不同高度的两个闭合轮廓或不同位置的垂直闭合轮廓，Revit 将自动创建融合体量；选择同一高度的两个闭合轮廓无法生成体量。如图 8.1-8 所示。

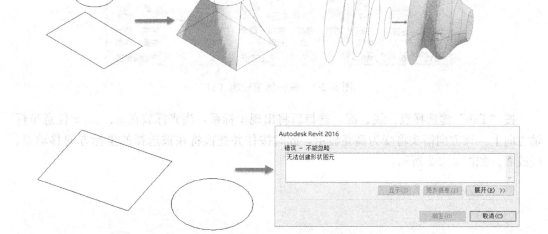

图 8.1-8　多个闭合轮廓创建形状

选择一条线及一条闭合轮廓创建形状：当线与闭合轮廓位于同一工作平面时，将以直线为轴旋转闭合轮廓创建形体。当选择线及线的垂直工作平面上的闭合轮廓创建形状时，将创建放样的形体。如图 8.1-9 所示。

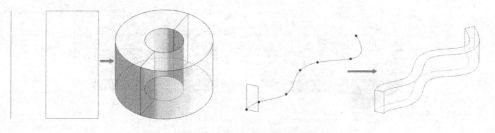

图 8.1-9　线与闭合轮廓创建形状

选择一条线及多条闭合曲线：为线上的点设置一个垂直于线的工作平面，在工作平面上绘制闭合轮廓，选择多个闭合轮廓和线可以生成放样融合的体量。如图 8.1-10 所示。

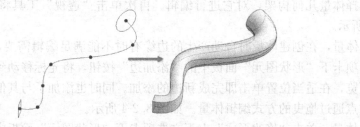

图 8.1-10　放样融合体量

8.2 选择创建的体量进行编辑

工具栏如图 8.2-1 所示。

图 8.2-1 编辑体量轮廓 (1)

按"Tab"键选择点、线、面，选择后将出现坐标系，当光标放在 x、y、z 任意坐标轴方向上，该方向箭头将变为高亮显示，此时按住并拖拽将在被选择的坐标方向移动点、线或面。如图 8.2-2 所示。

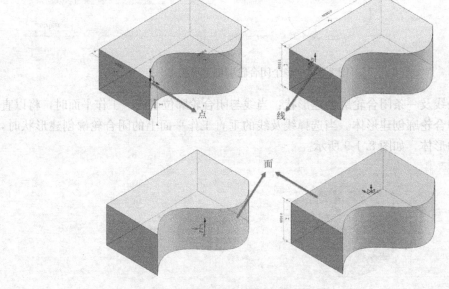

图 8.2-2 编辑体量轮廓 (2)

选择体量，单击"修改形式"上下文选项卡下"形状图元"面板中的"透视"按钮，观察体量模型。如图所示，透视模式将显示所选形状的基本几何骨架。这种模式下便于更清楚地选择体量几何构架，对它进行编辑。再次单击"透视"工具将关闭透视模式。如图8.2-3 所示。

选择体量，在创建体量时自动产生的边缘有时不能满足编辑需要，单击"修改形式"上下文选项卡下"形状图元"面板中的"添加边"按钮，将光标移动到体量面上，将出现新边的预览，在适当位置单击即完成新边的添加。同时也添加了与其他边相交的点，可选择该边或点通过拖曳的方式编辑体量。如图 8.2-4 所示。

选择体量，单击"修改形式"上下文选项卡下"形状图元"面板中的"添加轮廓"按钮，将光标移动到体量上，将出现与初始轮廓平行的新轮廓的预览，在适当位置单击将完

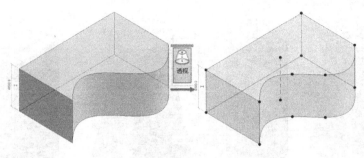

图 8.2-3　体量透视化

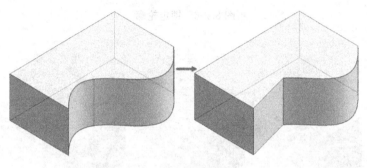

图 8.2-4　添加边

成新的闭合轮廓的添加。新的轮廓同时将生成新的点及边缘线，可以通过操纵它们来修改体量。如图 8.2-5 所示。

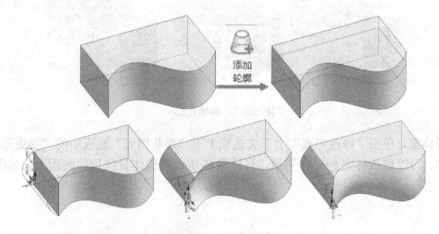

图 8.2-5　添加轮廓

选择体量中的某一轮廓，单击"修改形式"上下文选项卡下"形状图元"面板中的"锁定轮廓"按钮，体量将简化为所选轮廓的拉伸，手动添加的轮廓将失效，并且操纵方式受到限制，而且锁定轮廓后无法再添加新轮廓。如图 8.2-6 所示。

选择被锁定的轮廓或体量，单击"修改形式"上下文选项卡下"形状图元"面板中的"解锁轮廓"按钮，将取消对操纵柄的操作限制，添加的轮廓也将重新显示并可编辑，但不会恢复锁定轮廓前的形状。如图 8.2-7 所示。

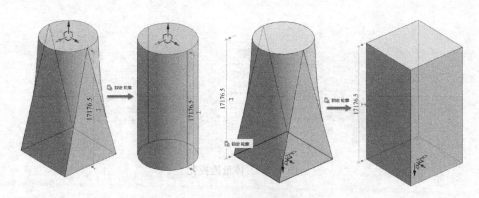

图 8.2-6 锁定轮廓

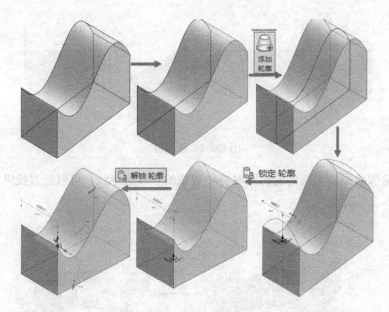

图 8.2-7 解锁轮廓

选择体量，单击"修改形式"上下文选项卡下"形状图元"面板中的"变更形状的主体"按钮，可以修改体量的工作平面，将体量移动到其他体量或构件的面上。如图 8.2-8 所示。

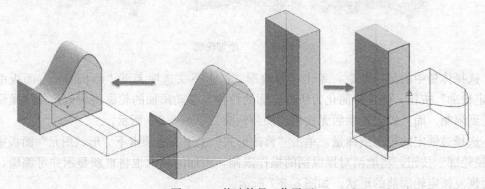

图 8.2-8 修改体量工作平面

选择体量，在"属性"面板中选择"标识数据"的"实心/空心"选项，可将该构件转换为空心形状，即用于掏空实心体量的空心形体。如图 8.2-9 所示。

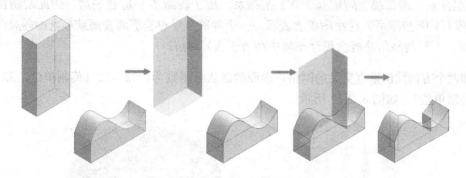

图 8.2-9 体量实心空心的转化

> *提示：空心形状有时不能自动剪切实心形状，可使用"修改"选项卡下"编辑几何图形"面板中的"剪切"的"剪切几何图形"工具，选择需要被剪切的实心形状后，单击空心形状，即可实现体量的剪切。*

创建空心形状可在选择线后，选择"修改线"选项卡下"形状"面板中的"创建形状"中"形状"的"空心形状"命令，可直接创建空心形状，通过"属性"面板中的"实心/空心"选项转换实心和空心。

体量分割面的编辑：

选择体量上任意面，单击"修改形状图元"上下文选项卡下"分割"面板中的"分割表面"按钮，表面将通过 UV 网格（表面的自然网格分割）分割所选表面。如图 8.2-10 所示。

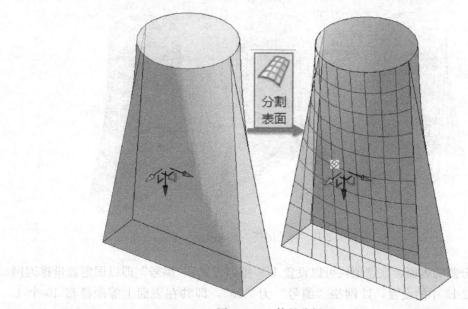

图 8.2-10 体量分割面

> 提示：UV 网格是用于非平面表面的坐标绘图网格。三维空间中的绘图位置基于 XYZ 坐标系，而二维空间则基于 XY 坐标系。由于表面不一定是平面，因此绘制位置时采用 UVW 坐标系。这在图纸上表示为一个网格，针对非平面表面或形状的等高线进行调整。UV 网格用在概念设计环境中相当于 XY 网格。

即两个方向默认垂直交叉的网格，表面的默认分割数为：12×12（英制单位）和 10×10（公制单位）。如图 8.2-11 所示。

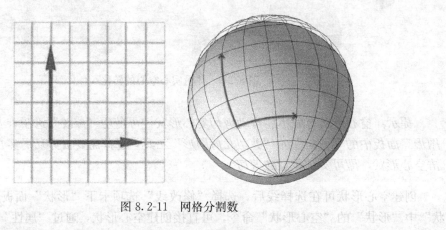

图 8.2-11　网格分割数

UV 网格彼此独立，并且可以根据需要开启和关闭。默认情况下，最初分割表面后，U 网格和 V 网格都处于启用状态。

单击"修改分割表面"选项卡下"UV 网格"面板中的"U 网格"按钮，将关闭横向 U 网格，再次单击该按钮将开启 U 网格，关闭、开启 V 网格操作相同。如图 8.2-12 所示。

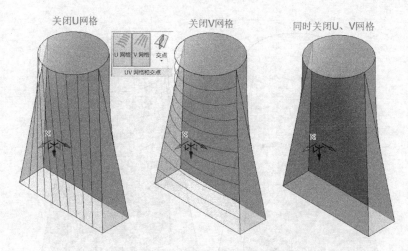

图 8.2-12　可关闭任一方向网格

选择被分割的表面，在选项栏可以设置 UV 排列方式："编号"即以固定数量排列网格，如图 8.2-13 中的设置，U 网格"编号"为"10"，即共在表面上等距排布 10 个 U 网格。

图 8.2-13 设置网格 UV 排列方式 (1)

如选择选项栏的"距离"单选按钮，在下拉列表可以选择"距离"、"最大距离"、"最小距离"并设置距离。下面以距离数值 2000mm 为例，介绍 3 个选项对 U 网格排列的影响。如图 8.2-14 所示。

图 8.2-14 设置网格 UV 排列方式 (2)

距离 2000mm：表示以固定间距 2000mm 排列 U 网格，第一个和最后一个不足 2000mm 也自成一格。

最大距离 2000mm：以不超过 2000mm 的相等间距排列 U 网格，如总长度为 11000mm，将等距产生 U 网格 6 个，即每段 2000mm 排布 5 条 U 网格还有剩余长度，为了保证每段都不超过 2000mm，将等距生成 6 条 U 网格。

最小距离 2000mm：以不小于 2000mm 的相等间距排列 U 网格，如总长度为 11000mm，将等距产生 U 网格 5 个，最后一个剩余的不足 2000mm 的距离将均分到其他网格。

V 网格的排列设置与 U 网格相同。

8.3 分割面的填充

选择分割后的表面，单击"属性"面板中的"修改图元类型"下拉按钮，可在下拉列表中选择填充图案。此选项默认为"无填充图案"，可以为已分割的表面填充图案，如图 8.3-1 所示，选择"八边形"。

选择填充图案，在"属性"面板中的"边界平铺"属性用于确定填充图案与表面边界相交的方式："空"、"部分"或"悬挑"。如图 8.3-2 所示。

所有网格旋转：即旋转 UV 网格及为表面填充图案。如图 8.3-3 所示。

网格的实例属性中 UV 网格的"布局"、"距离"的设置等同于选择分割过的表面后选项栏的设置。如图 8.3-4 所示。

对正：此选项设置 UV 网格的起点，可以设置"起点"、"中心"、"终点" 3 种样式，如图 8.3-5 所示。

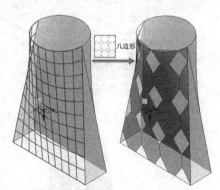

图 8.3-1 分割面的填充

中心：如图（a）所示，UV 网格从中心开始排列，上下均有不完整的网格，默认设置为"中心"。

起点：如图（b）所示，从下向上排列 UV 网格，最上面有可能出现不完整的网格。

终点：如图（c）所示，从上向下排列 UV 网格，最下面有可能出现不完整的网格。

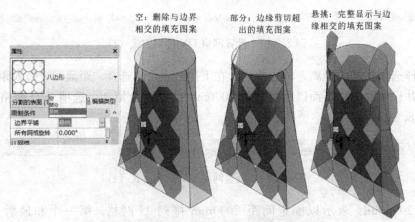

图 8.3-2　确定填充图案与表面边界相交的方式

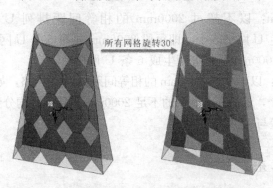

图 8.3-3　旋转 UV 网格及为表面填充图案

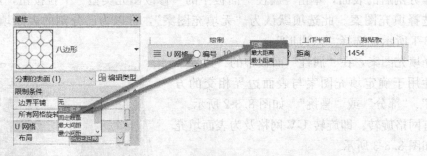

图 8.3-4　设置网格 UV 排列方式

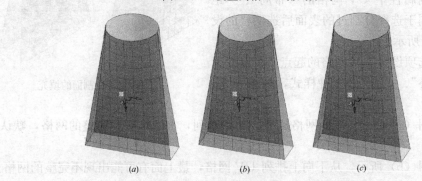

图 8.3-5　设置网格 UV 三种样式

　　提示：对正的设置只有在"布局"设置为"固定距离"时可能有明显效果，其他几种布局方法网格均为均分，所以对正影响不大。

　　网格旋转：分别旋转 U、V 方向的网格或填充图案的角度。

　　偏移：调整 U、V 网格对正的起点位置，例如"对正为起点，偏移 1000mm"，则表示底边向上 1000mm 为起点。

　　标识数据的"注释"和"标记"可手动输入与表面有关的内容，用于说明该构件，可在创建明细表或标记该构件时被提取出来。

　　单击"插入"选项卡下"从库中载入"面板中的"载入族"按钮，在默认的族库文件夹"建筑"中双击，打开"按填充图案划分的幕墙嵌板"文件夹，载入可作为幕墙嵌板的构件族，如选择"1-2 错缝表面.rfa"，单击"打开"按钮，完成族的载入。选择被分割的表面，单击"属性"面板中的"修改图元类型"按钮，选择刚刚载入的"1-2 错缝表面（玻璃）"，可以自定义创建"按填充图案划分的幕墙嵌板"族实现不同样式的幕墙效果。如图 8.3-6 所示。

图 8.3-6　载入错缝族表面

8.4 创建内建体量的其他注意事项

选择体量被分割或被填充图案或填充幕墙嵌板构件的表面，单击"修改分割的表面"

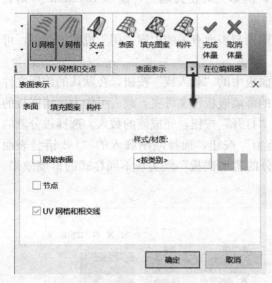

图 8.4-1 表面表示对话框

上下文选项卡下"表面表示"面板中的"表面"、"填充图案"、"构件"3 个按钮，用于设置面的显示：可设置显示表面、节点、网格线。默认单击"表面"工具将关闭 UV 网格，显示原始表面。单击"表面表示"面板右下角的按钮，将弹出"表面表示"对话框。如图 8.4-1 所示。

表面：当选择一个未分割的表面，单击"修改形状图元"选项卡下"分割"面板中的"分割表面"，图 8.4-2 中"表面表示"面板下的"表面"按钮将变为可用，单击该按钮可关闭或开启表面网格的显示。

单击"表面表示"面板右下角的按钮，将弹出"表面表示"对话框，可设置表面的"原始表面"、"节点"、"UV 网格和相交线"的显示设置。勾选各复选框后无须单击"确定"按钮即可预览效果。如图 8.4-3 所示。

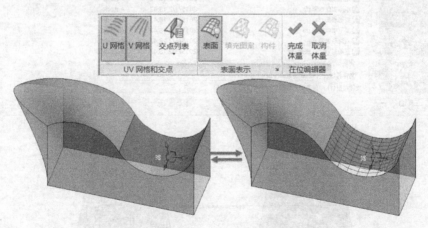

图 8.4-2 分割表面

如勾选了"节点"复选框并确定，单击"表面"按钮即可打开或关闭节点的显示。

当为所选表面添加了表面填充图案时，"表面表示"面板下的"填充图案"按钮将由灰色显示变为可用。单击该按钮可设置图案填充是否显示。如图 8.4-4 所示。

单击"表面表示"面板右下角的按钮，将弹出"表面表示"对话框，可设置填充图案的"填充图案线"、"图案填充"的显示设置。勾选各复选框后无须单击"确定"按钮即可预览效果。如图 8.4-5 所示。

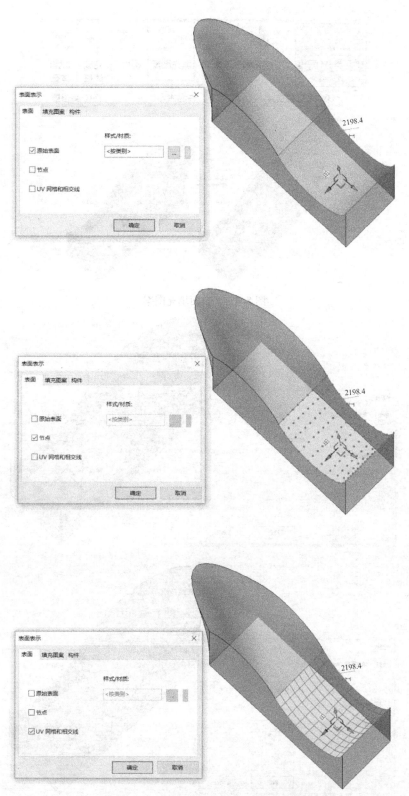

图 8.4-3 设置表面表示网格分割数值预览

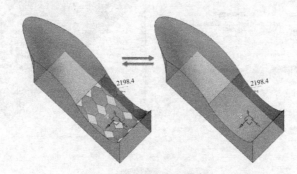

图 8.4-4　表面填充图案

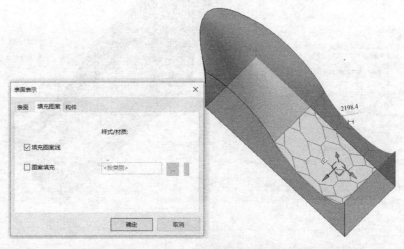

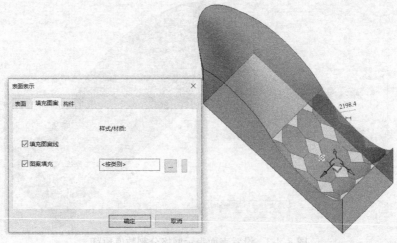

图 8.4-5　填充图案样式预览

　　当在项目中载入并为所选表面添加了"按填充图案划分的幕墙嵌板"构件时，"表面表示"面板下的"构件"按钮将由灰色显示变为可用。单击该按钮可设置表面构件是否显示。如图 8.4-6 所示。

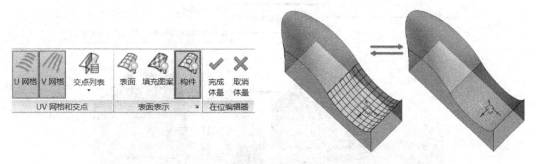

图 8.4-6　显示表面构件

　　"构件"选项卡中只有一项设置，如果不勾选"填充图案构件"复选框，单击"表面表示"面板下的"构件"按钮将不起作用，建议勾选该复选框。如图 8.4-7 所示。

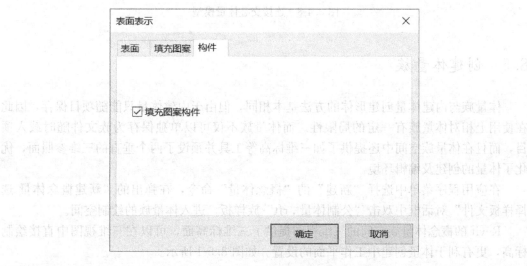

图 8.4-7　勾选复选框

　　创建、编辑完成一个或多个内建体量后，如体量有交叉，可以按如下操作连接几何形体：在"修改"选项卡下"几何图形"面板中单击"连接"中"连接几何图形"按钮，在绘图区域依次单击两个有交叉的体量，即可清理掉两个体量重叠的部分。如图 8.4-8 所示。

　　单击"取消连接几何图形"按钮，单击任意一个被连接的体量即可取消连接。

　　创建并编辑完体量后单击任意选项卡的"在位编辑器"，单击"完成体量"按钮，完成内建体量的创建。

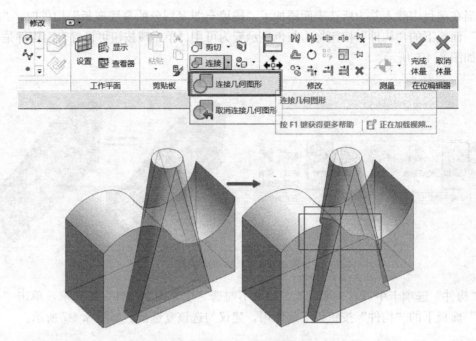

图 8.4-8 连接交叠体量模型

8.5 创建体量族

体量族与内建体量创建形体的方法基本相同，但由于内建体量只能随项目保存，因此在使用上相对体量族有一定的局限性。而体量族不仅可以单独保存为族文件随时载入项目，而且在体量族空间中还提供了如三维标高等工具并预设了两个垂直的三维参照面，优化了体量的创建及编辑环境。

在应用程序菜单中选择"新建"的"概念体量"命令，在弹出的"新建概念体量-选择样板文件"对话框中双击"公制体量．rft"族样板，进入体量族的绘制空间。

Revit 的概念体量族空间的三维视图提供了三维标高面，可以在三维视图中直接绘制标高，更有利于体量创建中工作平面的设置。如图 8.5-1 所示。

三维标高的绘制。单击"创建"选项卡下"基准"面板中的"标高"按钮，将光标移动到绘图区域现有标高面上方，光标下方出现间距显示，可直接输入间距，如"10000"，即 10m，按回车键即可完成三维标高的创建。如图 8.5-2 所示。

提示：体量族空间中默认单位为"mm"。

标高绘制完成后还可以通过临时尺寸标注修改三维标高高度，单击可直接修改以下两个标高数值。如图 8.5-3 所示。

三维视图同样可以"复制"没有楼层平面的标高。如图 8.5-4 所示。

三维工作平面的定义。在三维空间中要想准确绘制图形，必须先定义工作平面，Revit 的体量族中有两种定义工作平面的方法。

单击"创建"选项卡下"工作平面"面板中的"设置"按钮，选择标高平面或构件表

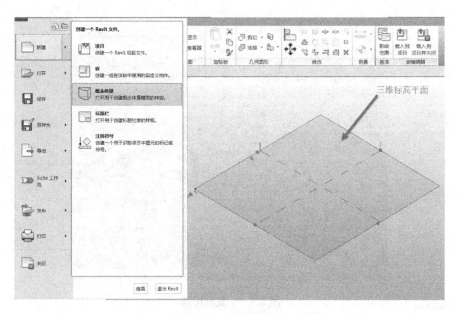

图 8.5-1　创建体量族

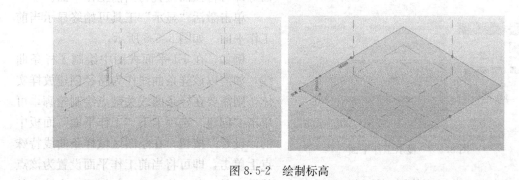

图 8.5-2　绘制标高

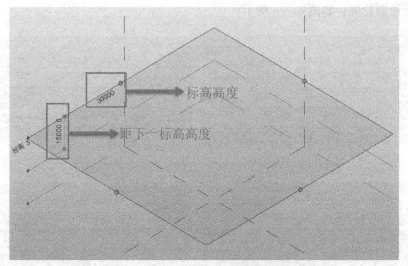

图 8.5-3　可使用临时尺寸修改标高数值

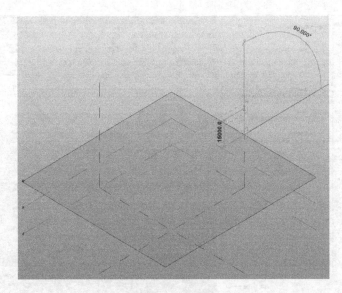

图 8.5-4　复制标高

图 8.5-5　显示工作平面

面等即可将该面设置为当前工作平面。

　　单击激活"显示"工具可始终显示当前工作平面。如图 8.5-5 所示。

　　例如，在 F1 平面视图中绘制了样条曲线，如需以该样条曲线作为路径创建放样实体，则需要在样条曲线关键点绘制轮廓，可单击"创建"选项卡下"工作平面"面板中的"设置"按钮，在绘图区域样条曲线特殊点上单击，即可将当前工作平面设置为该点上的垂直面，此时可使用"绘制"面板中的"线"工具，单击线工具（如矩形）在该点的工作平面上绘制轮廓。如图 8.5-6 所示。

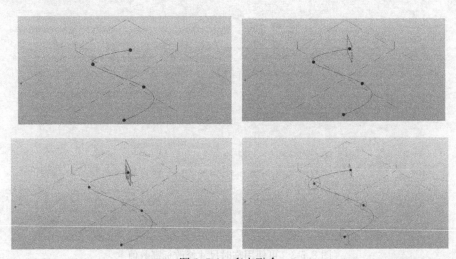

图 8.5-6　多点融合

选择样条曲线，并按"Ctrl"键多选该样条曲线上的所有轮廓，单击"创建"选项卡下"形状"面板中的"创建形状"按钮的上半部分，直接创建实心形状。如图 8.5-7 所示。

在绘图区域单击相应的工作平面即可将所选的工作平面设置为当前工作平面。如图 8.5-8 所示。

通过以上两种方法均可设置当前工作平面，即可在该平面上绘制图形。单击标

图 8.5-7 融合生成实心形状

高 2 平面，将标高 2 平面设为当前工作平面，单击"创建"选项卡下"绘制"面板中的"线"的"椭圆"按钮，将光标移动到绘图区域即可以标高 2 作为工作平面绘制该椭圆。如图 8.5-9 所示。

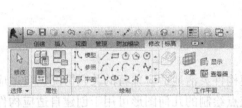

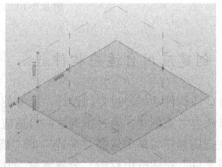

图 8.5-8 设置当前工作平面

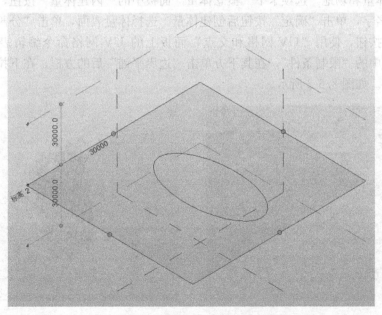

图 8.5-9 在当前工作平面上绘制形状

在概念设计环境的三维工作空间中，"创建"选项卡下"绘制"面板中的"点图元"工具提供特定的参照位置。通过放置这些点，可以设计和绘制线、样条曲线和形状（通过参照点绘制线条见内建族中的相关内容）。参照点可以是自由的（未附着）或以某个图元为主体，或者也可以控制其他图元。例如，选择已创建的实心形体，单击"修改形式"上下文选项卡下"形状图元"面板中的"透视"按钮，在绘图区域选择路径上的某参照点，并通过拖拽调整其位置，皆可实现修改路径，从而达到修改形体的目的。如图 8.5-10所示。

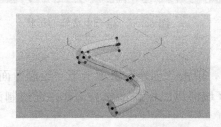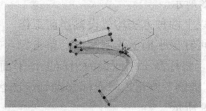

图 8.5-10　拖拽点修改路径

8.6　创建应用自适应构件族

自适应构件功能经过专门设计，能够使构件灵活地适应独特的关联情况。自适应点可通过修改参考点创建。通过排列这些自适应点绘制的几何图形可用于创建自适应构件。

在应用程序菜单中选择"新建"的"概念体量"命令，在弹出的"新建概念体量-选择样板文件"对话框中双击"公制体量.rft"的族样板，创建自适应构件族。如图 8.6-1所示。

单击"体量和场地"选项卡下"概念体量"面板中的"内建体量"按钮，弹出名称对话框，输入名字，单击"确定"按钮后创建体量。选择体量表面，单击"分割"面板中的"分割表面"按钮，使用"UV 网格和交点"面板上的 UV 网格命令编辑表面，找到在"属性"面板中的"限制条件"，在其下方单击"边界平铺"后的方框，在下拉列表中选择"部分"选项。如图 8.6-2所示。

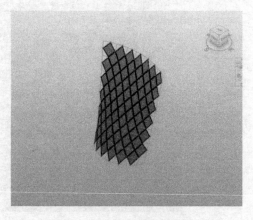

图 8.6-1　公制体量族样板　　　　　　　　　图 8.6-2　编辑体量表面

在使用 UV 网格编辑表面时，平面的边缘部分无法编辑到，类似于这样的情况就要用上自适应构件族来补充不规则的平面边缘。如图 8.6-3 所示。

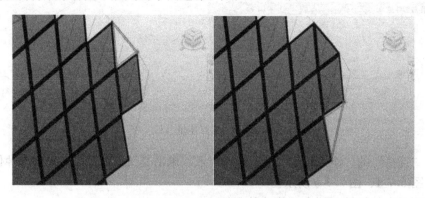

图 8.6-3　自适应构件族来补充不规则的平面边缘

8.7　体量的面模型

Revit 的体量工具可以帮助我们实现初步的体块穿插的研究，当体块的方案确定后，"面模型"工具可以将体量的面转换为建筑构件，如墙、楼板、屋顶等，以便继续深入方案。

在项目中放置体量：

如果在项目中绘制了内建体量，完成体量皆可使用"面模型"工具细化体量方案。

如需使用体量族，需单击"体量和场地"选项卡下"概念体量"面板中的"放置体量"按钮，如未开启"显示体量"工具，将自动弹出"体量-显示体量已启用"提示对话框，直接关闭即可自动启动"显示体量"。如图 8.7-1 所示。

如果项目中没有体量族，将弹出 Revit 提示对话框。单击"是"按钮将弹出"打开"对话框，选择需要的体量族，单击"打开"按钮即可载入体量族。如图 8.7-2 所示。

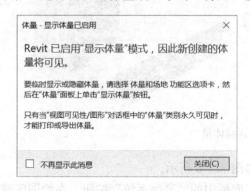

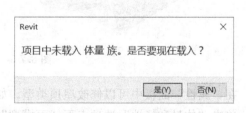

图 8.7-1　显示体量已启用提示对话框　　　　图 8.7-2　载入体量族

光标在绘图区域可能会是不可用状态，因为"放置体量"选项卡下"放置"面板中的"放置在面上"工具默认被激活，如项目中有楼板等构件或其他体量时可直接放置在现有的构件面上。如图 8.7-3 所示。

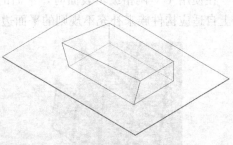

图 8.7-3　放置体量（1）

选择"连接"的"连接几何图形"按钮，依次单击交叉的体量，即可清理掉体量重叠部分。如图 8.7-4、图 8.7-5 所示。

选择项目中的体量，单击"修改体量"上下文选项卡下"模型"面板中的"体量楼层"按钮，将弹出"体量楼层"对话框，将列出项目中标高名称，勾选各复选框并单击"确定"按钮后，Revit 将在体量与标高交叉位置生成符合体量的楼层面。如图 8.7-6 所示。

进入"体量和场地"选项卡下的"概念体量"面板，单击"面模型"中"屋顶"按钮，在绘图区域单击体量的顶面，然后单击"放置面屋顶"选项卡下"多重选择"面板中的"创

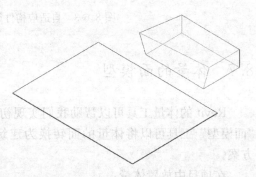

图 8.7-4　放置体量（2）

建屋顶"按钮，即可将顶面转换为屋顶的实体构件。如图 8.7-7 所示。

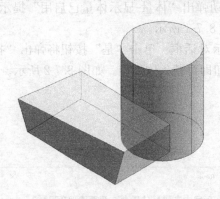

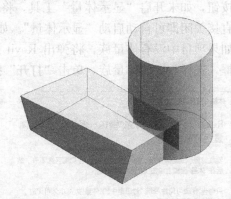

图 8.7-5　连接体量

在"属性"面板中可以修改屋顶类型。如图 8.7-8 所示。

单击"体量和场地"选项卡下"面模型"面板中的"幕墙系统"按钮，在绘图区域依次单击需要创建幕墙系统的面，并单击"多重选择"面板中的"创建系统"按钮，即可在选择的面上创建幕墙系统。如图 8.7-9 所示。

单击"体量和场地"选项卡下"面模型"面板中的"墙"按钮，在绘图区域单击需要创建墙体的面，即可生成面墙。如图 8.7-10 所示。

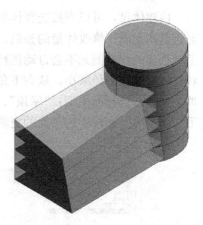

图 8.7-6 生成体量楼层

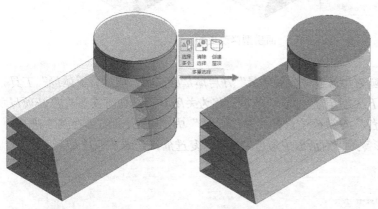

图 8.7-7 给体量表面赋予屋顶实体构件　　　　　　图 8.7-8 修改屋顶属性

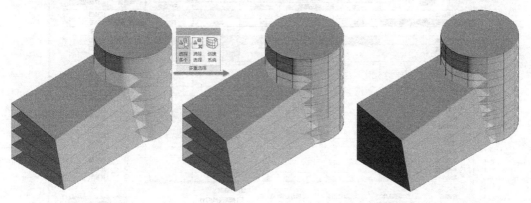

图 8.7-9 创建幕墙系统　　　　　　图 8.7-10 生成面墙

　　单击"体量和场地"选项卡下"面模型"面板中的"楼板"按钮，在绘图区域单击楼层面积面，或直接框选体量，Revit 将自动识别所有被框选的楼层面积，单击"放置面楼板"上下文选项卡下"多重选择"面板中的"创建楼板"按钮，即可在被选择的楼层面积面上创建实体楼板。

内建体量，可以直接选择体量并通过拖拽的方式调整形体，对于载入的体量族也可以通过其图元属性修改体量的参数，从而实现修改体量的目的。体量变更后通过"面模型"工具创建的建筑图元不会自动进行更新，可以"重做"图元以适应体量面的当前大小和形状；体量圆柱半径减小，从右下角框选体量上的构件，单击"选择多个"选项卡下"过滤器"按钮，选择面模型："屋顶"、"幕墙系统"、"楼板"。确定后单击"选择多个"选项卡下"面模型"面板中的"面的更新"按钮。如图 8.7-11 所示。

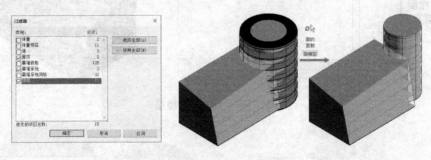

图 8.7-11 面模型修改更新

> 提示：如需编辑体量随时可通过"显示体量"开启体量的显示，但"显示体量"工具是临时工具，当关闭项目下次打开时，"显示体量"将为关闭状态，如需在下次打开项目时体量仍可见，需在"属性"对话框中选择"视图属性"中"可见性/图形替换"选项，在该视图的"可见性/图形替换"对话框中勾选"体量"复选框。如图 8.7-12 所示。

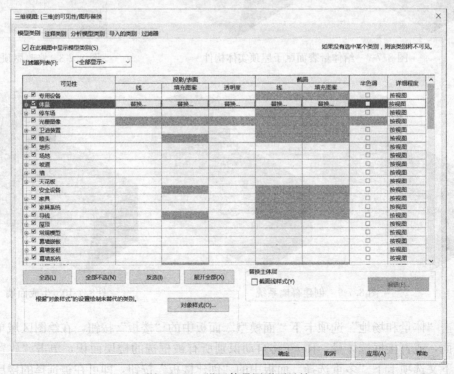

图 8.7-12 设置体量图形可见性

8.8 创建基于公制幕墙嵌板填充图案构件族

在应用程序菜单中选择"新建"的"族"命令，在弹出的"新族-选择样板文件"对话框中选择"基于公制幕墙嵌板填充图案.rft"的族样板，单击"打开"按钮，即可进入族的创建空间。如图 8.8-1 所示。

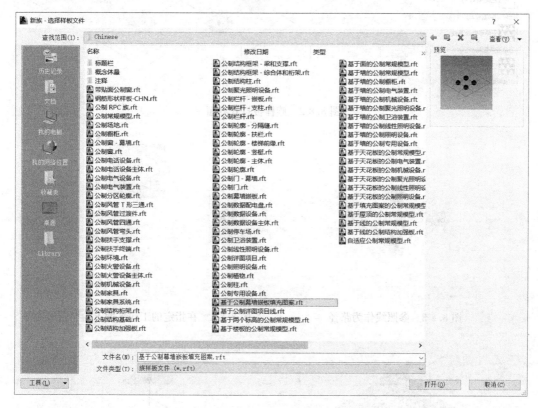

图 8.8-1　新建族

构件样板由网格、参照点和参照线组成，默认的参照点是锁定的，只允许垂直方向的移动。这样可以维持构件的基本形状，以便构件按比例应用到填充图案。

打开该族样板默认为矩形网格，选择网格，可在"修改瓷砖填充图案网格"上下文选项卡下"图元"面板中的"修改图元类型"下拉列表中修改网格，创建不同样式的幕墙嵌板填充构件。如图 8.8-2 所示。

基于公制幕墙嵌板填充图案的族空间与体量族的建模方式基本相同，该族样板默认有4 条参照线，可作为创建形体的线条，本例中以 4 条参照线作为路径。如图 8.8-3 所示。

打开默认三维视图，单击"创建"选项卡下"绘制"面板中的"矩形"按钮，单击"创建"选项卡下"工作平面"面板中的"设置"按钮，在绘图区任意参照点单击，将设置该点的垂直面为工作平面，开始绘制矩形，并锁定。如图 8.8-4 所示。

按 Ctrl 键多选 4 条参照线及刚刚绘制的矩形轮廓，单击"选择多个"选项卡下"形状"面板中的"创建形状"工具，即完成形体的创建。如图 8.8-5 所示。

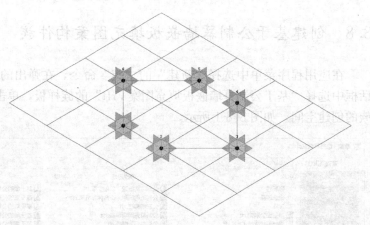

图 8.8-2 族样板打开界面

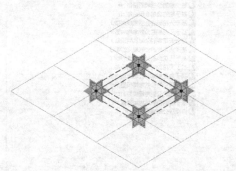

图 8.8-3 参照线作为路径

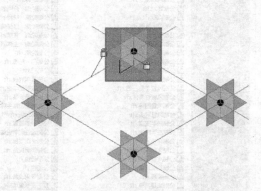

图 8.8-4 在指定的工作平面上绘制图形轮廓

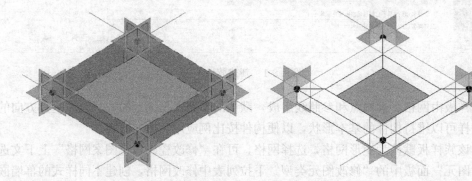

图 8.8-5 创建形体完成

提示：*同理，体量族与内建体量一样，选择边并拖曳可以修改形体，也可以为形体"添加边"或"添加轮廓"并编辑。如图 8.8-6 所示。*

在应用程序菜单中选择"另存为"的"族"命令，为族命名如"矩形幕墙嵌板构件"，并载入体量族或内建体量族中。

在体量族中选择面，单击"修改形状图元"选项卡下"分割"面板中的"分割表面"按钮，选择已经分割的表面，在"属性"面板中的"修改图元类型"下拉列表中选择刚刚

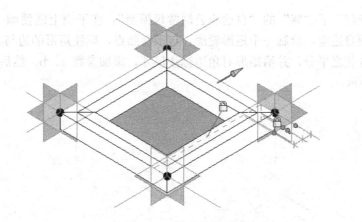

图 8.8-6 修改形体

创建并载入的"矩形幕墙嵌板件"即可应用。如图 8.8-7 所示。

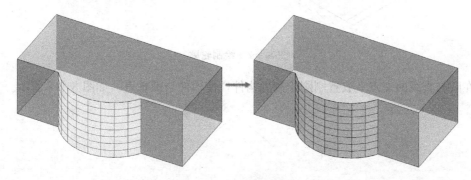

图 8.8-7 载入新建嵌板族

提示：项目中关闭"显示体量"时该幕墙嵌板构件不会被关闭。

8.9 莫比乌斯环做法

新建"概念体量"，利用模型线"直线"与"圆形"命令绘制轮廓，直线之间角度为30°。如图 8.9-1 所示。

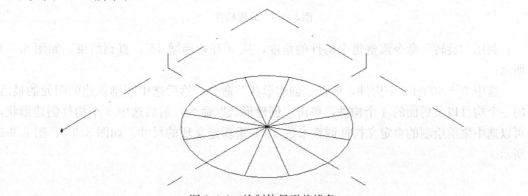

图 8.9-1 绘制体量形状线条

　　点击"新建"下"族"的"自适应公制常规模型",在平面上随便画一个参照点,选中参照点,使自适应,绘制一个矩形轮廓,包围参照点,标注矩形的边与参照点的工作平面,单击 EQ 使之平分,并给矩形对角边标注尺寸,添加参数 a、b,然后载入到项目中。如图 8.9-2 所示。

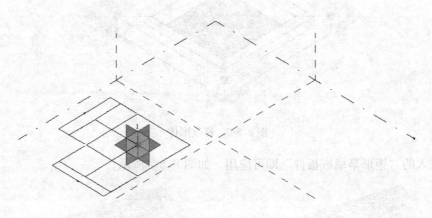

图 8.9-2　绘制轮廓

　　在圆与直线的交点上放置刚刚绘制的构件,使构件与圆垂直。如图 8.9-3 所示。

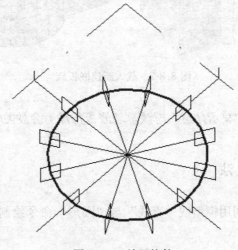

图 8.9-3　放置构件

　　利用"旋转"命令调整每个构件的角度,从 0°开始递增 15°,直到结束。如图 8.9-4 所示。

　　选中 0°~60°的 5 个构件,单击"创建形状"命令,然后选中刚刚创建的图元的最后的一个构件以及后面的 4 个构件,单击"创建形状"命令,最后选中 5 个构件创建形状,可以选中之前绘制的自定义构件调整参数 a、b 重新定义环的尺寸。如图 8.9-5、图 8.9-6 所示。

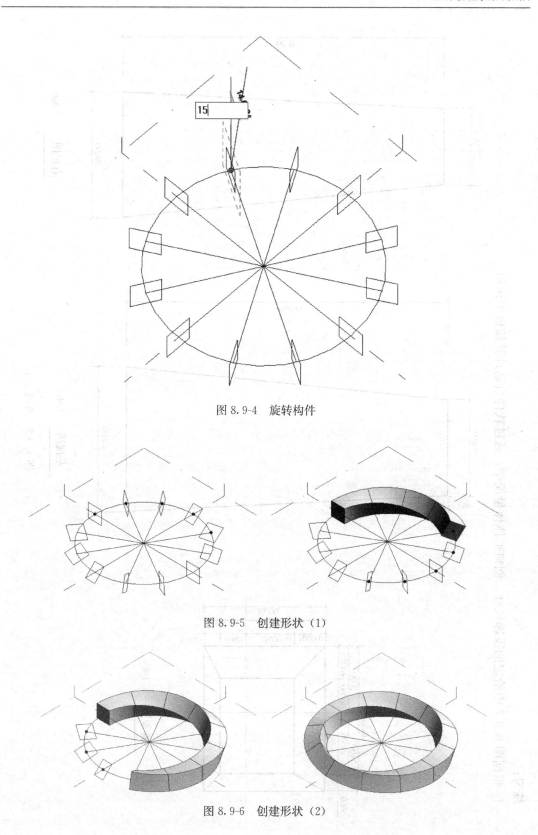

图 8.9-4　旋转构件

图 8.9-5　创建形状（1）

图 8.9-6　创建形状（2）

练习:

1. 根据图 8.9-7 中给定的投影尺寸,创建形体体量模型,通过软件自动计算该模型体积。

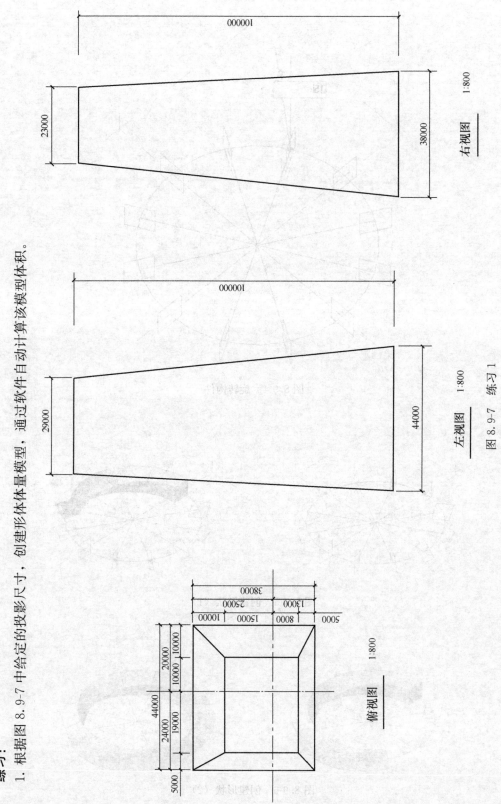

图 8.9-7 练习 1

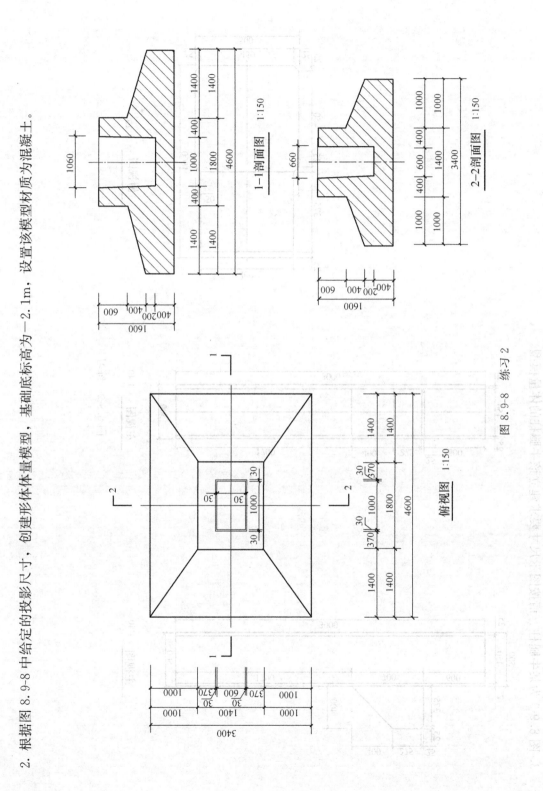

2. 根据图 8.9-8 中给定的投影尺寸，创建形体体量模型，基础底标高为 −2.1m，设置该模型材质为混凝土。

图 8.9-8 练习 2

3. 图 8.9-9 为某牛腿柱。请按图示尺寸要求建立该牛腿柱的体量模型。

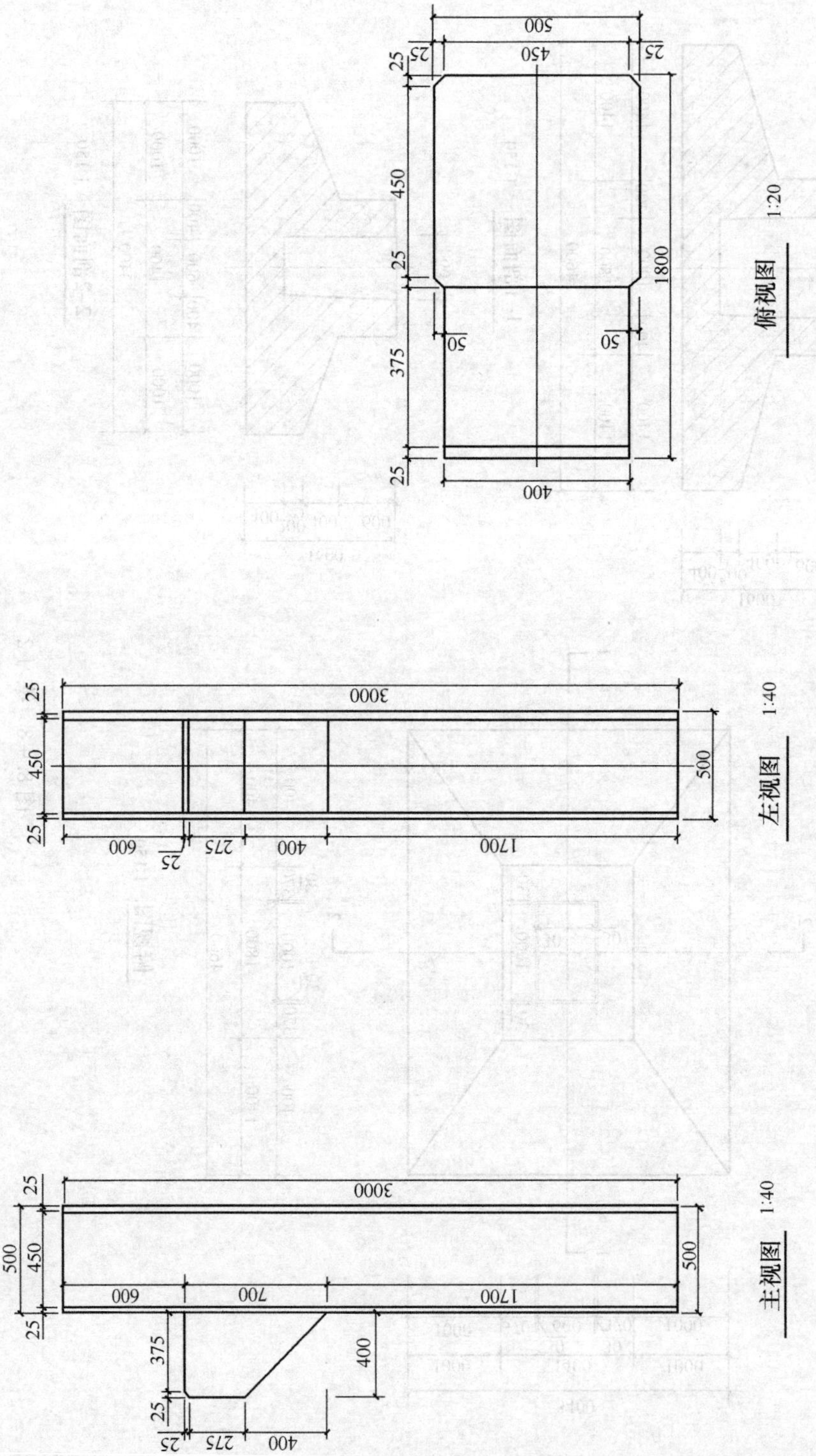

俯视图 1:20

左视图 1:40

主视图 1:40

图 8.9-9 练习 3

4. 图 8.9-10 为某水塔。请按图示尺寸要求建立该水塔的实心体量模型。水塔水箱上下曲面均为正十六面棱台。

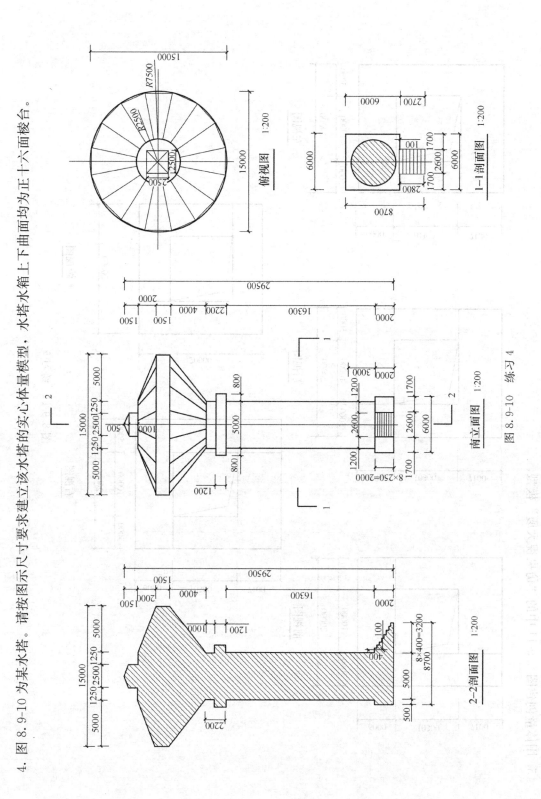

图 8.9-10 练习 4

5. 用体量创建图 8.9-11 中的"仿央视大厦"模型。

左视图

后视图

前视图

俯视图

右视图

图 8.9-11 练习 5

6. 请用体量面墙建立图 8.9-12 所示 200mm 厚斜墙，并按图中尺寸在墙面开一圆形洞口，并计算开洞后墙体的体积和面积。

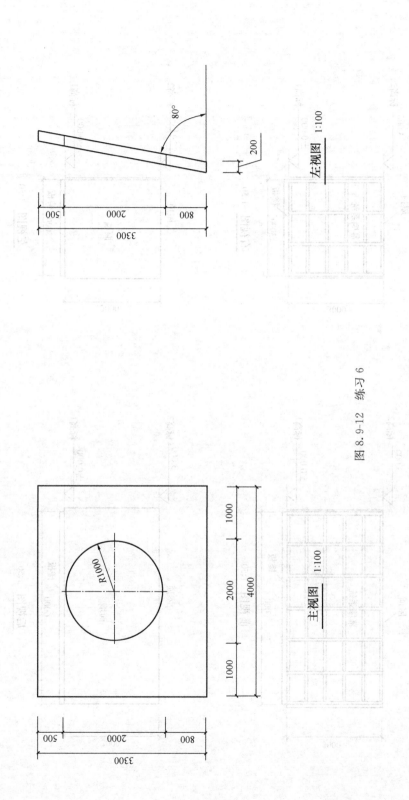

图 8.9-12 练习 6

7. 创建图 8.9-13 模型，在体量上生成面墙、幕墙系统、屋顶和楼板。要求：（1）面墙为厚度为 200mm 的 "常规－200mm" 面墙，定位线 "核心层中心线"；（2）幕墙系统为 "网格布局 600mm×1000mm"（即横向网格间距 600mm，竖向网格间距 1000mm），网格上均设置竖梃，竖梃均为 "圆形竖梃 50mm 半径"；（3）屋顶为厚度为 400mm 的 "常规－400mm" 屋顶；（4）楼板为厚度为 150mm 的 "常规－150mm" 楼板。

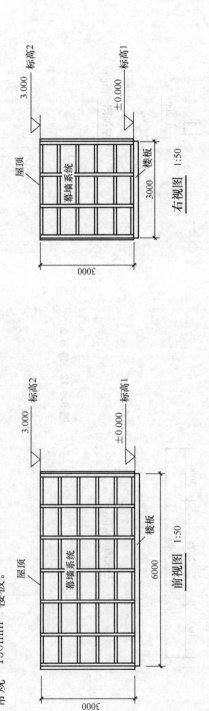

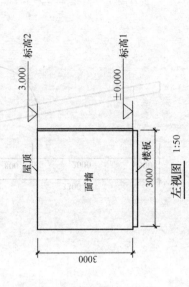

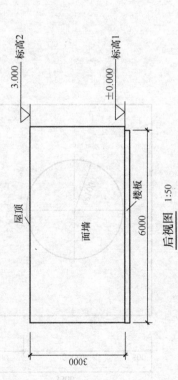

图 8.9-13 练习 7

224

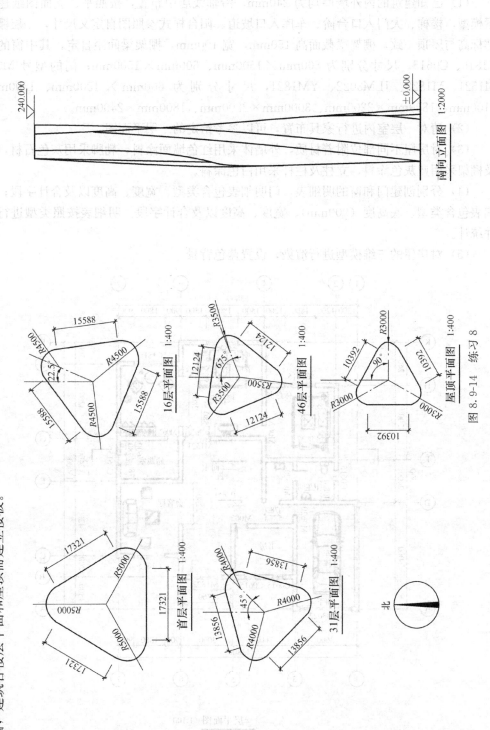

8. 根据图 8.9-14 给定的投影尺寸，创建体量建筑模型。建筑共 60 层，层高 4m。楼层平面从低到高均匀旋转和缩小。建筑外立面为幕墙，建筑各楼层平面和屋顶需建立楼板。

图 8.9-14 练习 8

南向立面图 1:2000

16层平面图 1:400

46层平面图 1:400

屋顶平面图 1:400

首层平面图 1:400

31层平面图 1:400

北

9. 根据图 8.9-15～图 8.9-19，按要求构建房屋模型，并对模型进行渲染：

（1）已知建筑的内外墙厚均为 240mm，沿轴线居中布置，按照平、立面图纸建立房屋模型，楼梯、大门入口台阶、车库入口坡道、阳台样式参照图自定义尺寸，二层棚架顶部标高与屋顶一致，棚架梁截面高 150mm，宽 100mm，棚架梁间距自定，其中窗的型号 C1815、C0615，尺寸分别为 800mm×1500mm、600mm×1500mm；门的型号 M0615、M1521、M1822、JLM3022、YM1824，尺寸分别为 600mm×1500mm、1500mm×2100mm、1800mm×2200mm、3000mm×2200mm、1800mm×2400mm。

（2）请对一层室内进行家具布置，可以参考给定的一层平面图。

（3）对房屋不同部位附着材质，外墙体采用红色墙面涂料，勒脚采用灰色石材，屋顶及棚架采用蓝灰色涂料，立柱及栏杆采用白色涂料。

（4）分别创建门和窗的明细表，门明细表包含类型、宽度、高度以及合计字段；窗明细表包含类型、底高度（900mm）、宽度、高度以及合计字段。明细表按照类型进行分组并统计。

（5）对房屋的三维模型进行渲染，设置蓝色背景。

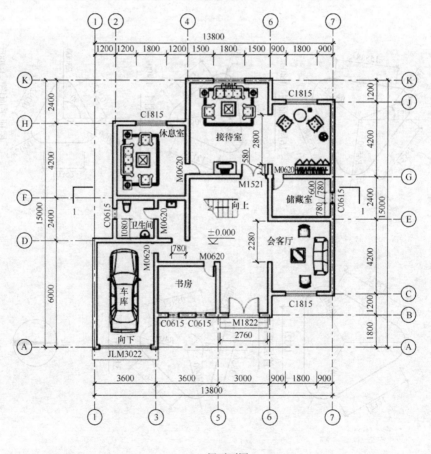

一层平面图 1:100

图 8.9-15 练习 9（1）

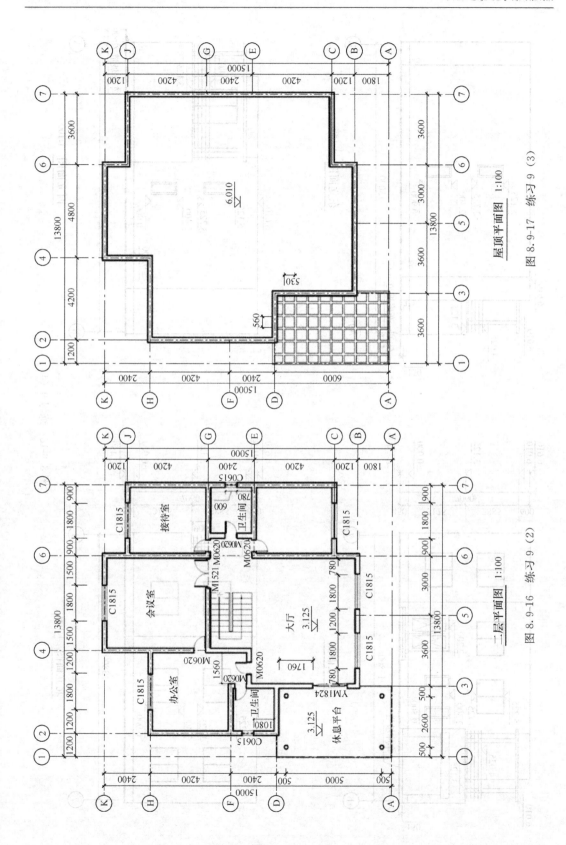

图 8.9-17 练习 9 (3)
屋顶平面图 1:100

图 8.9-16 练习 9 (2)
二层平面图 1:100

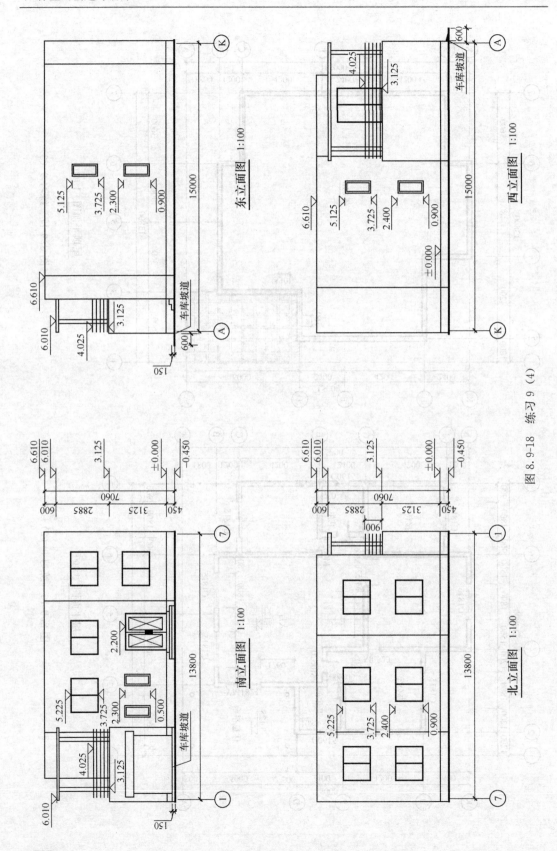

图 8.9-18 练习 9（4）

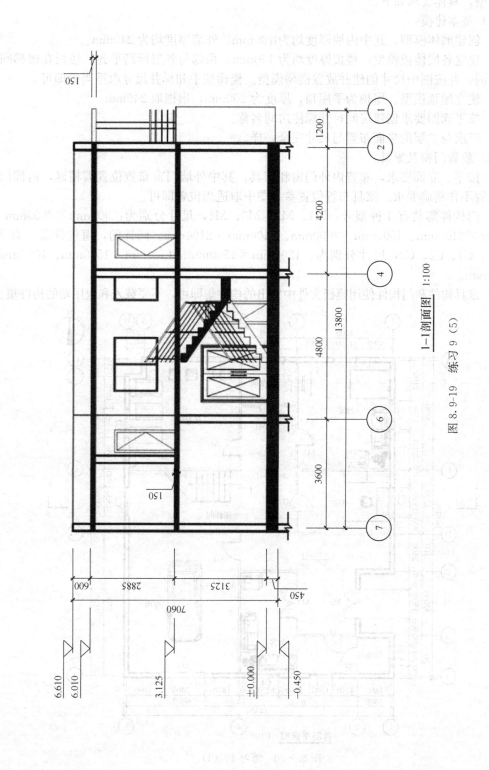

1—1剖面图 1:100

图8.9-19 练习9 (5)

10. 参照图 8.9-20～图 8.9-23，在给出的"三层建筑模板"文件的基础上，创建三层建筑模型，具体要求如下：

（1）基本建模

1）创建墙体模型，其中内墙厚度均为 100mm，外墙厚度均为 240mm。

2）建立各层楼板模型，楼板厚度均为 150mm，顶部与各层标高平齐。楼板在楼梯间处应开洞，并按图中尺寸创建并放置楼梯模型。楼梯扶手和梯井尺寸取适当值即可。

3）建立屋顶模型。屋顶为平屋顶，厚度为 200mm，出檐取 240mm。

4）按平面图要求创建房间，并标注房间名称。

5）三层与二层的平面布置与尺寸完全一样。

（2）放置门窗及家具

1）按平、立面要求，布置内外门窗和家具。其中外墙门窗布置位置需精确，内部门窗对位置不作精确要求。家具布置位置参考图中取适当位置即可。

2）门构件集共有 4 种型号：M1、M2、M3、M4，尺寸分别为：900mm×2000mm、1500mm×2100mm、1500mm×2000mm、2400mm×2100mm。同样的，窗构件集共有 3 种型号：C1、C2、C3，尺寸分别为：1200mm×1500mm、1500mm×1500mm、1000mm×1200mm。

3）家具构件和门构件使用模板文件中给出的构件集即可，不要载入和应用新的构件集。

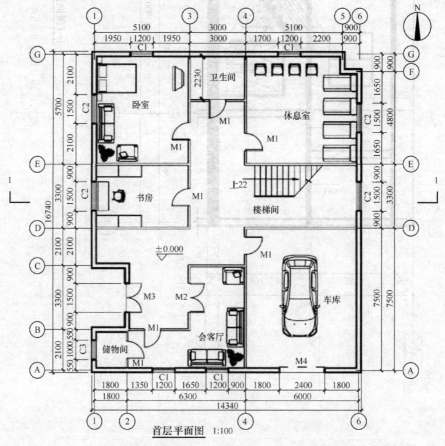

图 8.9-20 练习 10 （1）

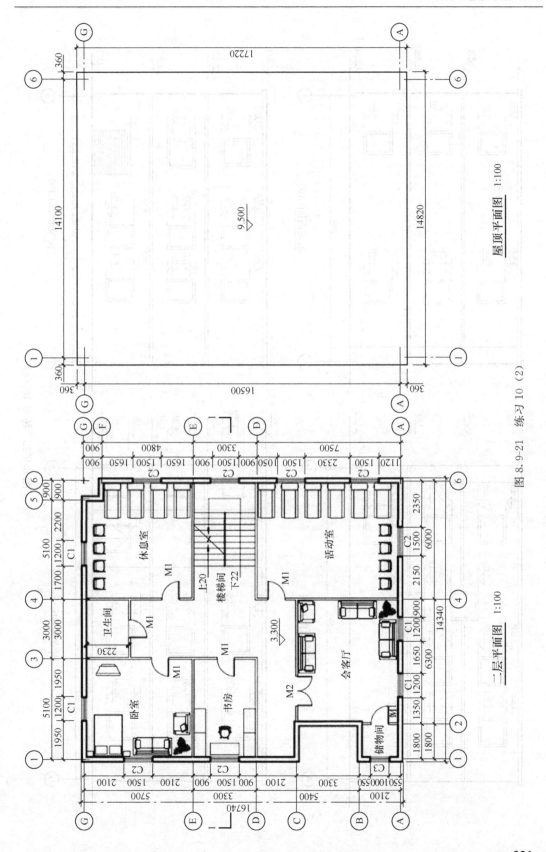

图 8.9-21 练习 10 (2).

屋顶平面图 1:100

二层平面图 1:100

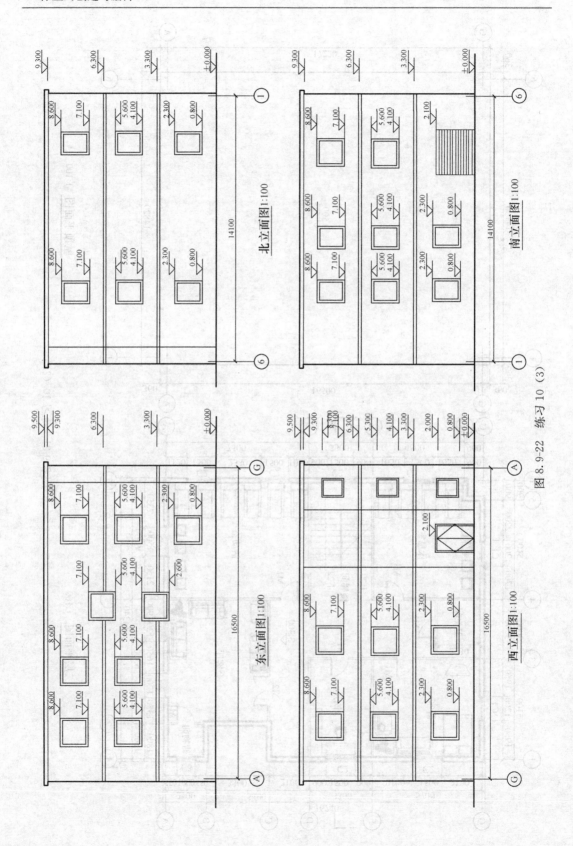

图 8.9-22 练习 10 (3)

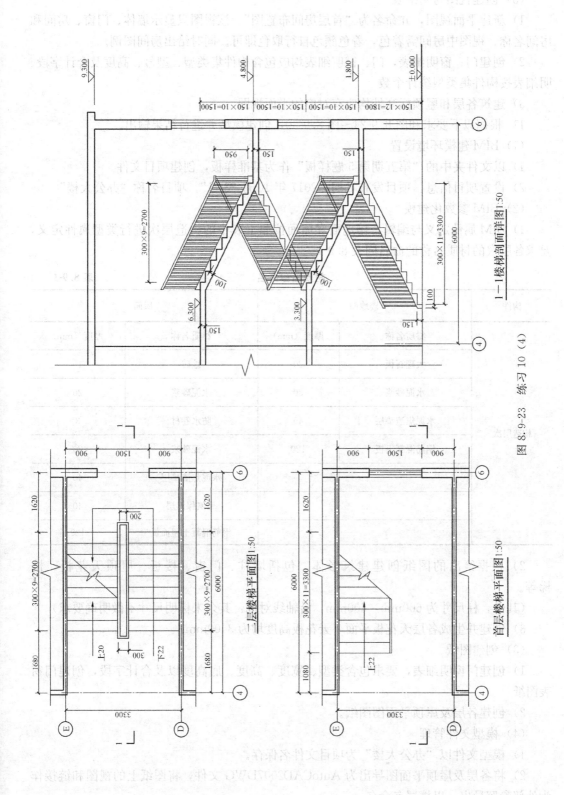

图 8.9-23 练习 10 (4)

（3）创建视图与明细表

1）新建平面视图，并命名为"首层房间布置图"。该视图只显示墙体、门窗、房间和房间名称。视图中房间需着色，着色颜色自行取色即可。同时给出房间图例。

2）创建门、窗明细表，门、窗明细表均应包含构件集类型、型号、高度及合计字段。明细表按构件集类型统计个数。

3）建筑各层和屋顶标高处均应有对应的平面视图。

11. 根据以下要求和图 8.9-24～图 8.9-30，创建模型并进行结果输出。

（1）BIM 建模环境设置

1）以文件夹中的"第五期第 5 题样板"作为基准样板，创建项目文件。

2）设置项目信息：项目发布日期"2017 年 10 月 23 日"，项目名称"办公大楼"。

（2）BIM 参数化建模

1）BIM 属性定义与编辑：楼地面和屋面按照下表中的构造层次进行类型属性定义，要求各层次的材质名称的命名同表 8.9-1。

材质名称命名 表 8.9-1

构件	楼地面		屋面	
	材质名称	厚度（mm）	材质名称	厚度（mm）
构造层次	大理石板	20	地砖	10
	水泥砂浆	30	水泥砂浆	20
	水泥焦渣垫层	40	防水卷材	3
	钢筋混凝土板	120	水泥砂浆	20
			水泥焦渣垫层	40
			聚氨保温层	40
			钢筋混凝土屋面板	120

2）根据给出的图纸创建建筑形体，包括墙柱、门窗、楼板、屋顶天花板、楼梯等。

（其中，柱尺寸为 600mm×600mm，沿轴线对称；其余未标明尺寸不做明确要求）

3）创建并生成各层天花板平面（天花板高度均为 3400mm）

（3）创建图纸

1）创建门窗明细表，要求包含类型、宽度、高度、底高度以及合计字段，创建门窗表图纸。

2）创建各层及屋顶平面图图纸。

（4）模型文件管理

1）模型文件以"办公大楼"为项目文件名保存。

2）将各层及屋顶平面图导出为 AutoCAD2007DWG 文件，将图纸上的视图和链接作为外部参照导出，以楼层名命名。

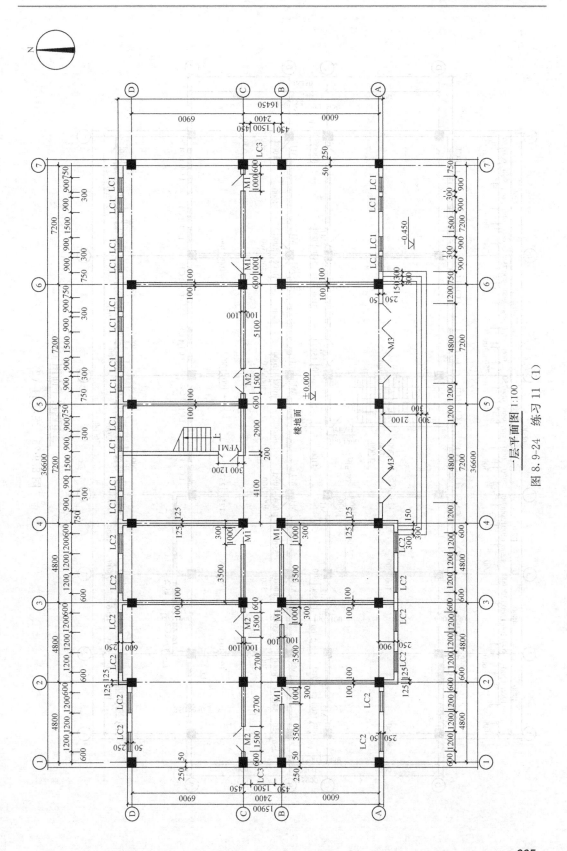

一层平面图 1:100

图 8.9-24 练习 11 (1)

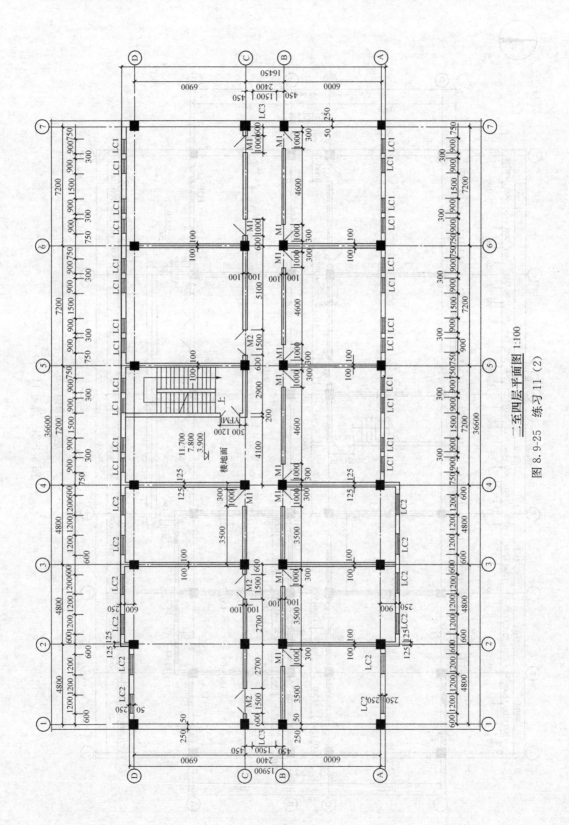

二至四层平面图 1:100

图 8.9-25 练习 11 (2)

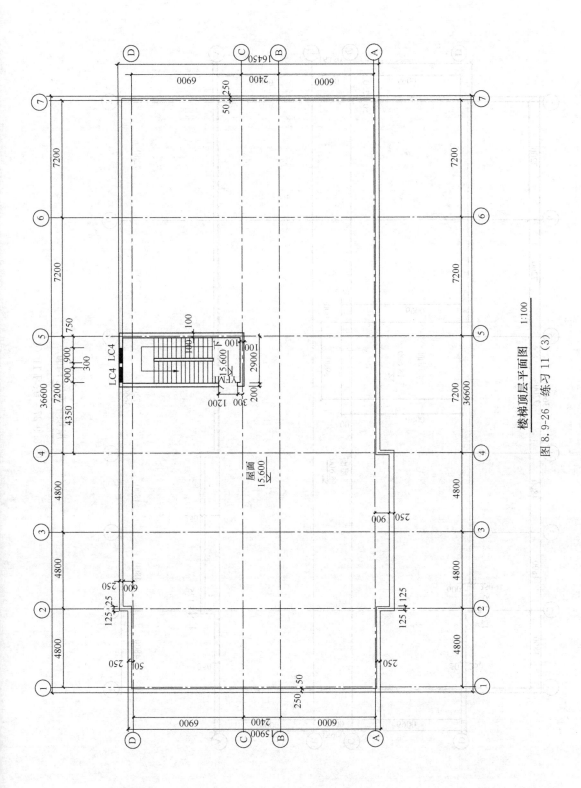

图 8.9-26 练习 11（3）

楼梯顶层平面图 1:100

237

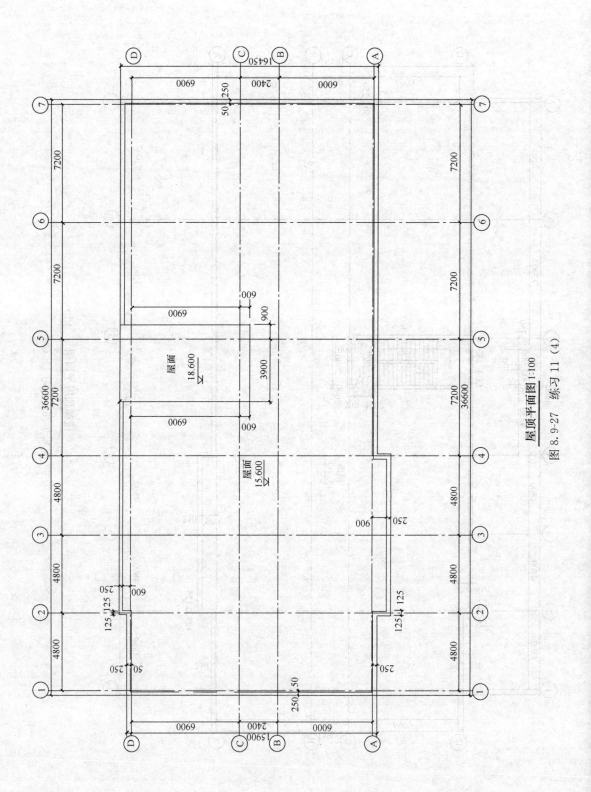

屋顶平面图 1:100

图 8.9-27 练习 11 (4)

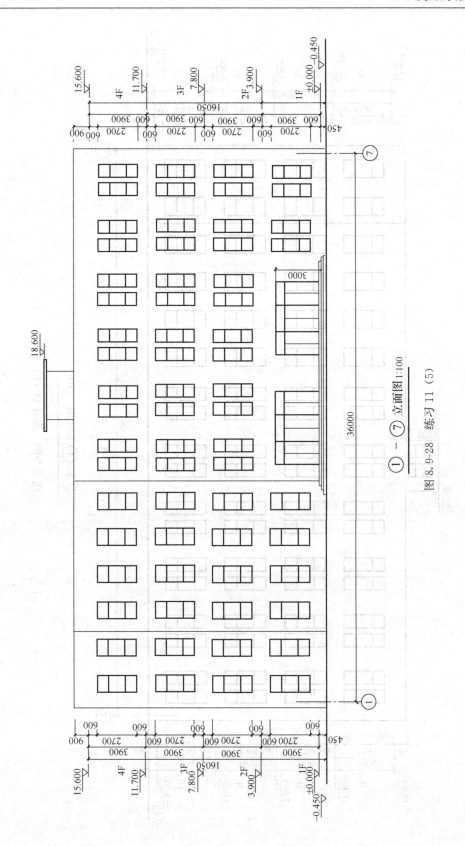

①—⑦ 立面图 1:100

图 8.9-28 练习 11 (5)

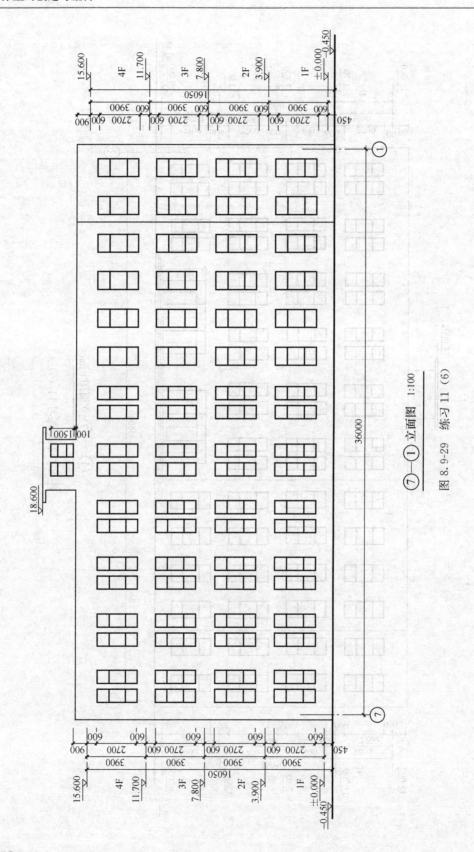

图 8.9-29 练习 11 (6)

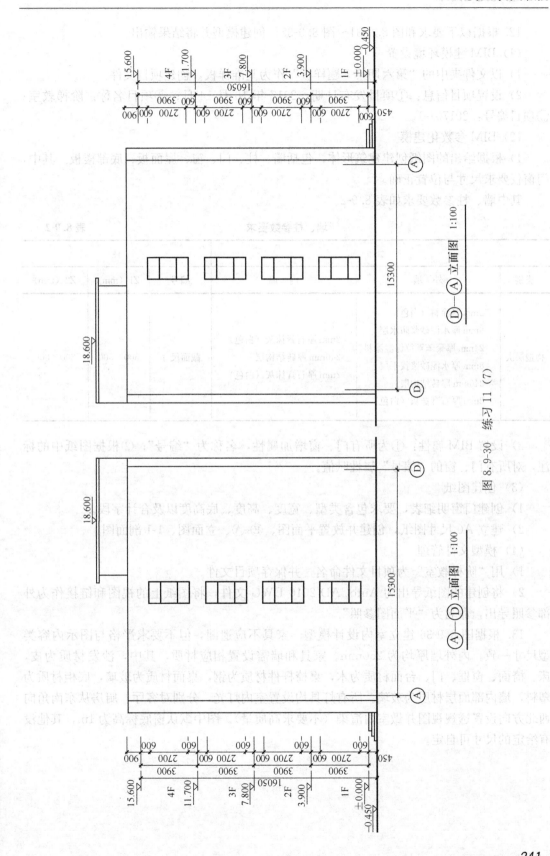

图 8.9-30　练习 11 (7)

12. 根据以下要求和图 8.9-31～图 8.9-35，创建模型并将结果输出。

（1）BIM 建模环境设置

1）以文件夹中的"第六期第 5 题样板"作为基准样板，创建项目文件。

2）设置项目信息：①项目发布日期：2017 年 10 月 14 日；②项目名称：阶梯教室；③项目编号：201701-1。

（2）BIM 参数化建模

1）根据给出的图纸创建建筑形体，包括墙、柱、门、窗、屋面板、底部楼板。其中，门窗仅要求尺寸与位置正确。

其中墙、柱参数要求如表 8.9-2。

墙、柱参数要求   表 8.9-2

类别	墙		柱		
	外 墙	内 墙	编号	Z1（mm）	Z2（mm）
构造层次	2mm 厚涂料（白色） 6mm 厚水泥砂浆防水层 24mm 厚聚苯颗粒保温涂料 8mm 厚水泥砂浆找平层 240mm 厚砖结构层 2mm 厚石膏抹灰（白色）	2mm 厚石膏抹灰（白色） 240mm 厚砖结构层 2mm 厚石膏抹灰（白色）	截面尺寸	500×500	800×800

2）设置 BIM 属性：①为所有门、窗增加属性，名称为"编号"；②根据图纸中的标注，对所有门、窗的"编号"属性赋值。

（3）创建图纸

1）创建门窗明细表，要求包含类型、宽度、高度、底高度以及合计字段。

2）建立 A0 尺寸图纸，创建并放置平面图、Ⓔ-Ⓐ、立面图、1-1 剖面图。

（4）模型文件管理

1）用"阶梯教室"为项目文件命名，并保存项目文件。

2）将创建的图纸导出为 AutoCAD 2010 DWG 文件，将图纸上的视图和链接作为外部参照导出，命名为"平面图参照"。

13. 根据图 8.9-36 建立室内设计模型。家具不应遗漏，但不要求严格与图示内容类型尺寸一致。内外墙厚均为 250mm。家具和墙需设置相应材质，其中，沙发材质为皮，床、椅面、窗框、门、台面材质为木，桌椅杆件材质为钢，桌面材质为玻璃，底柜材质为塑料，墙内部面层材质为玻璃。所有灯具均设置室内灯光，分别对客厅、厨房从东南角向西北方向设置透视视图并做室内渲染（不要求高质量）。图中默认窗底标高为 1m，其他没有给定的尺寸可自定。

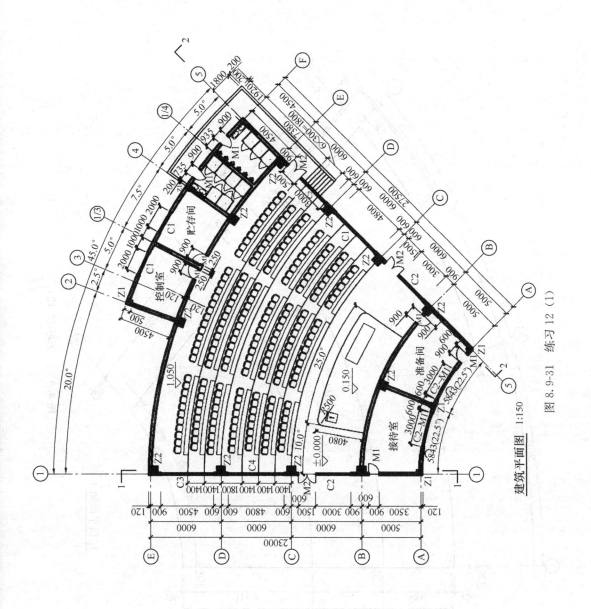

建筑平面图 1:150

图 8.9-31 练习 12 (1)

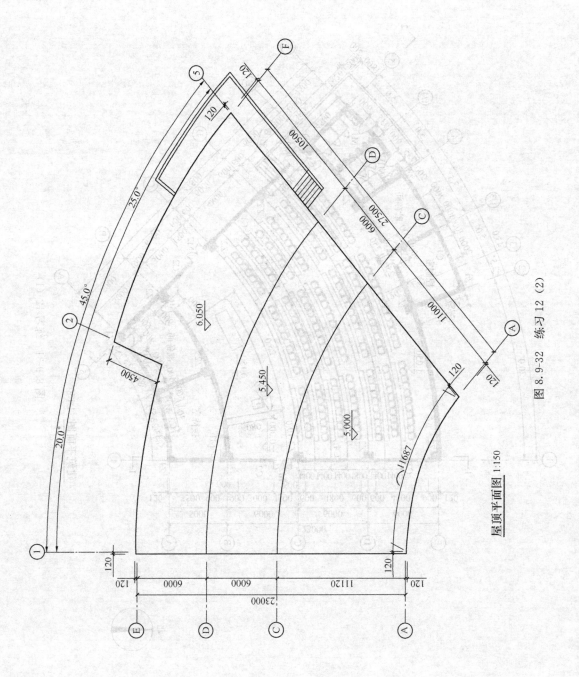

屋顶平面图 1:150

图 8.9-32 练习 12 (2)

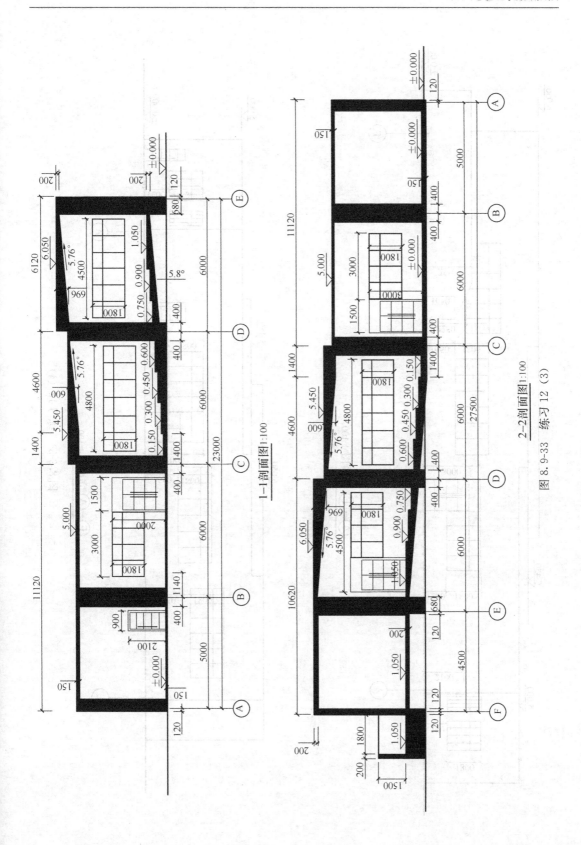

1—1剖面图1:100

2—2剖面图1:100

图8.9-33 练习12 (3)

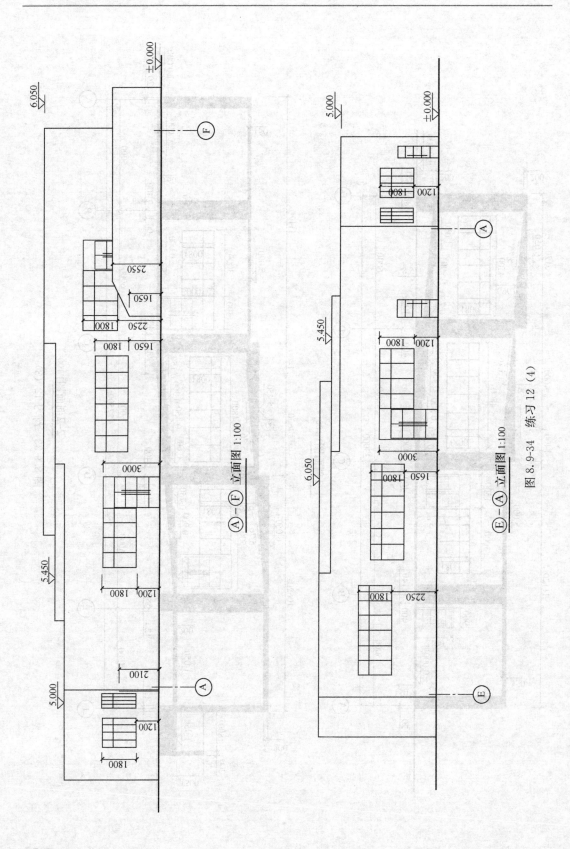

图 8.9-34 练习 12 （4）

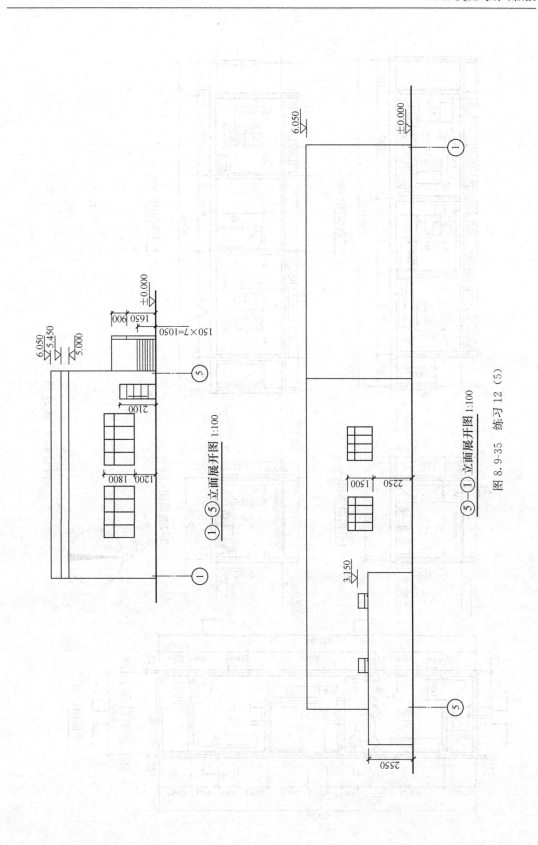

图 8.9-35 练习 12 (5)

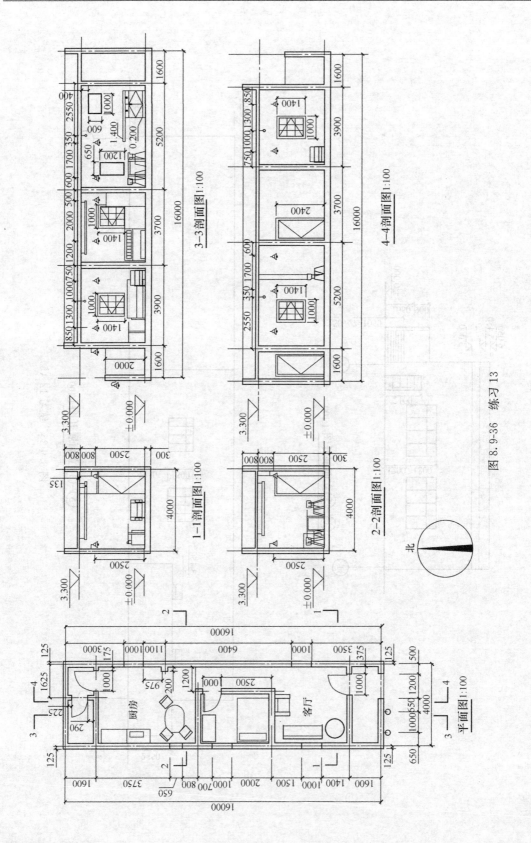

图 8.9-36 练习 13

9 学校食堂项目案例

通过之前章节的学习，用户已经对 Revit 软件的建模方式有了一定的了解。本章以创建一个完整的学校食堂为例，介绍 Revit 建模的详细步骤。

9.1 项目介绍及创建

本实例将创建一学校食堂项目，如图 9.1-1 所示。该项目将按照建筑师常用的设计流程，从绘制标高轴网开始，到创建场地及构建结束，详细讲解项目设计的全过程，以便让初学者用最短的时间全面掌握 Revit 的操作方法。

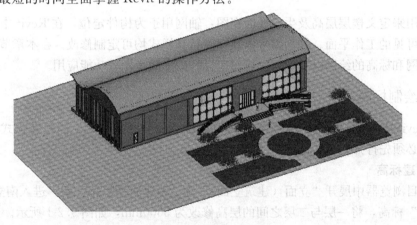

图 9.1-1 整体三维模型

9.1.1 项目简介

该学校食堂是某学校建筑体系中的一栋独立建筑，其为单层的砖混结构，内部配置有餐厅储藏间、白案间和红案间等，满足了该建筑的使用特性要求。效果如图 9.1-2 所示。

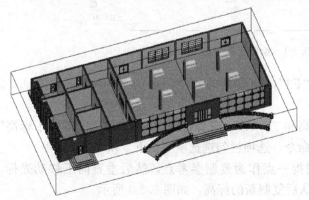

图 9.1-2 剖面框显示内部结构

9.1.2 创建项目文件

启动 Revit 软件后，单击左上角的"应用程序菜单"按钮，选择"新建"中"项目"选项，系统将打开"新建项目"对话框，此时在对话框中单机样板文件里面的建筑样板，如图 9.1-3 所示，并单击确定按钮即可进入建模界面。

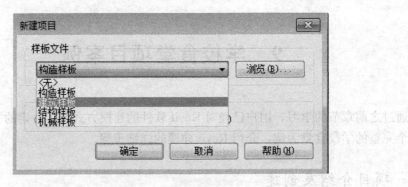

图 9.1-3　选择项目样板

9.2　绘制标高和轴网

标高用来定义楼层层高及生成平面视图；轴网用于为构件定位，在 Revit 中轴网确定了一个不可见的工作平面。轴网编号以及标高符号样式均可定制修改。在本章节中，需重点掌握轴网和标高的绘制以及如何生成对应标高的平面视图等功能应用。

9.2.1　绘制标高

在 Revit 中，"标高"命令必须在立面和剖面视图中才能使用，因此在正式开始项目设计前，必须先打开一个立面视图。

1. 创建标高

在项目浏览器中展开"立面（建筑立面）"项，双击视图名称"南"进入南立面视图。调整"2F"标高，将一层与二层之间的层高修改为 5600mm，如图 9.2-1 所示。

图 9.2-1　绘制标高（1）

利用"复制"命令，绘制标高"F3"，调整其间隔使间距为 3600mm，如图 9.2-2 所示。

利用"复制"命令，创建地坪标高和"−1F"。选择标高"F2"，单击"修改 | 标高"选项卡下"修改"面板中的"复制"命令，选项栏勾选选项"约束"和"多个"。

移动光标在标高"F2"上单击捕捉一点作为复制参考点，然后垂直向下移动光标，输入间距值 6200 后按"Enter"键确认后复制新的标高，如图 9.2-3 所示。

继续向下移动光标，输入间距值"13400"后按"Enter"键确认后复制另外一条新的

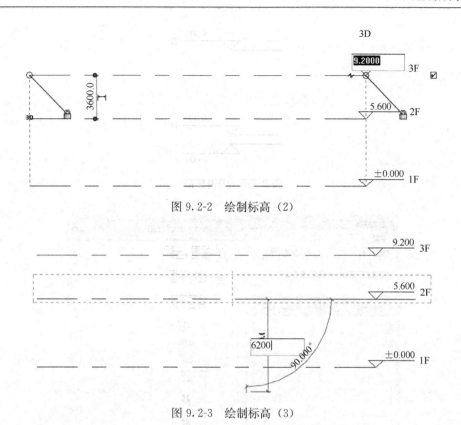

图 9.2-2 绘制标高（2）

图 9.2-3 绘制标高（3）

标高。分别选择新复制的 2 条标高，单击蓝色的标头名称激活文本框，分别输入新标高名称 "−1F"、"4F" 后按 "Enter" 键确认，结果如图 9.2-4 所示。

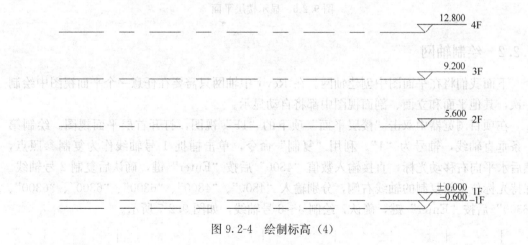

图 9.2-4 绘制标高（4）

2. 编辑标高

单击选中标高 "−1F"，从类型选择器下拉列表中选择 "标高：下标头" 类型，此时 "−1F" 标头自动向下翻转方向。如图 9.2-5 所示。

单击选项卡 "视图" 中 "平面视图" 的 "楼层平面" 命令，打开 "新建楼层平面" 对话框，如图 9.2-6 所示。

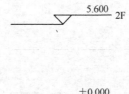

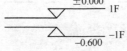

图 9.2-5　编辑标高

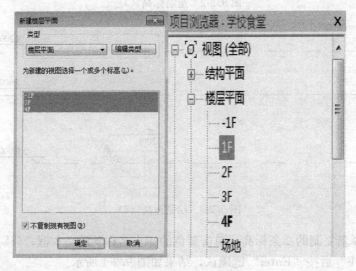

图 9.2-6　显示楼层平面

9.2.2　绘制轴网

下面我们将在平面图中创建轴网。在 Revit 中轴网只需要在任意一个平面视图中绘制一次，其他平面和立面、剖面视图中都将自动显示。

在项目浏览器中双击"楼层平面"项下的"1F"视图，打开首层平面视图。绘制第一条垂直轴线，轴号为"1"。利用"复制"命令，单击捕捉 1 号轴线作为复制参照点，然后水平向右移动光标，直接输入数值"4800"后按"Enter"键，确认后复制 2 号轴线。保持光标位于新复制的轴线右侧，分别输入"4800"、"4800"、"6300"、"6300"、"6300"、"6300"后按"Enter"键，确认，绘制 3~8 号轴线，如图 9.2-7 所示。

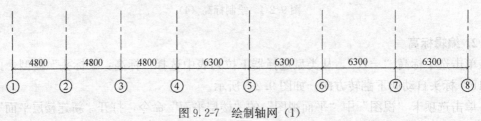

图 9.2-7　绘制轴网（1）

绘制水平方向轴网。单击选项卡"建筑"中"轴网"命令，创建第一条水平轴线。选择刚创建的水平轴线，修改标头文字为"A"，创建 A 号轴线。如图 9.2-8 所示。

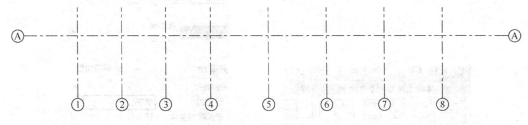

图 9.2-8　绘制轴网（2）

利用"复制"命令，创建 B~D 号轴线。移动光标在 A 号轴线上单击捕捉一点作为复制参考点，然后垂直向上移动光标，保持光标位于新复制的轴线上侧，分别输入"5000"、"5000 "、"5000"后按"Enter"键确认，完成复制。如图 9.2-9 所示。

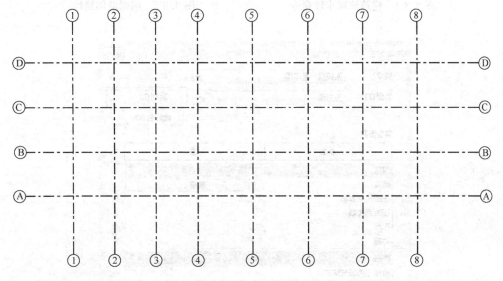

图 9.2-9　绘制轴网（3）

9.3　绘制墙体

在项目浏览器中双击"楼层平面"项下的"1F"，打开一层平面视图。

9.3.1　绘制一层外墙

在项目浏览器中双击"楼层平面"项下的"1F"，打开一层平面视图。单击选项卡"建筑"中"墙"命令。如图 9.3-1 所示。

在类型选择器中选择"基本墙：剪力墙"类型，单击"属性"对话框，设置实例参数"底部限制条件"为"1F"，"顶部约束"为"直到标高 2F"，单击"应用"。如图 9.3-2 所示。

在"属性"面板中，单击"编辑类型"按钮，进入到"类型属性"对话框，单击右上角"复制"按钮，复制一种新类型。如图 9.3-3 所示。

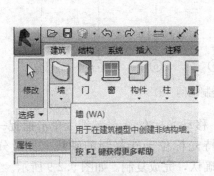

图 9.3-1　建筑选项卡墙命令

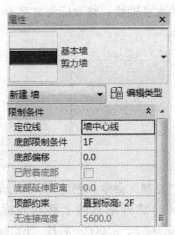

图 9.3-2　编辑墙体属性

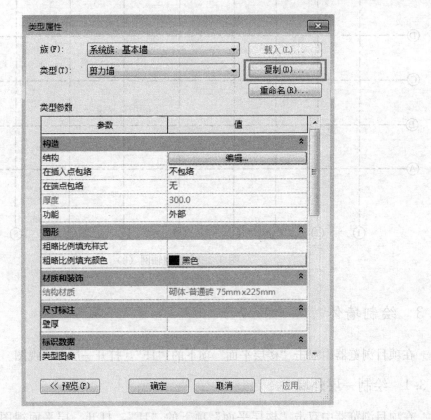

图 9.3-3　复制墙体

复制一种新的类型为"学校食堂-240mm-外墙"，单击结构参数右侧的"编辑"按钮。

在打开的"编辑部件"对话框中，对学校食堂-240mm-外墙的结构层、材质、厚度进行编辑。如图 9.3-4 所示。

连续单击多个"确定"按钮，退出所有对话框，完成墙体属性的设置。当设置完成墙

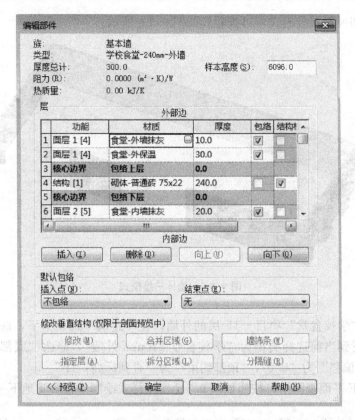

图 9.3-4　编辑墙体构造层

体的类型及内部的材质类型后就可以开始绘制墙体了。由于设置墙体类型之前选择了
"墙"工具，现在只要在"修改-放置墙"上下文选项卡中单击"直线"按钮，并且在选项
栏中设置"高度"为"F2"，"定位线"为"核心层中心线"。按照如图 9.3-5 所示位置绘
制食堂外墙。

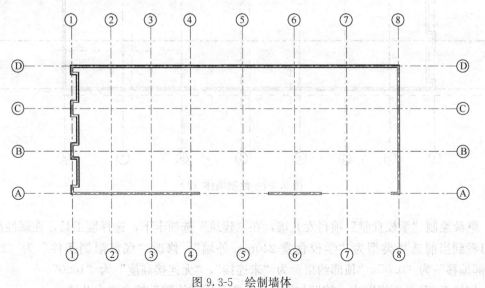

图 9.3-5　绘制墙体

完成后，切换至三维模式，可查看到如图9.3-6所示。

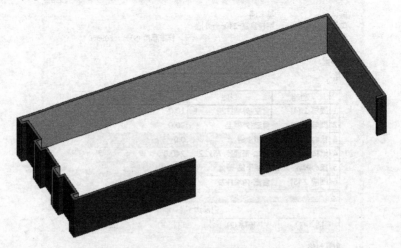

图9.3-6 墙体三维模式

继续绘制"学校食堂"项目-1F层的外墙，在"建筑"选项卡下，选择墙工具，在属性面板中可看到当前选择类型为"学校食堂-240mm-外墙"，修改"底部限制条件"为"-1F"，"底部偏移"为"0.0"，"顶部约束"为"直到标高：1F"。

切换至-1F平面视图中，按照如图9.3-7所示样式绘制学校食堂地下一层外墙。

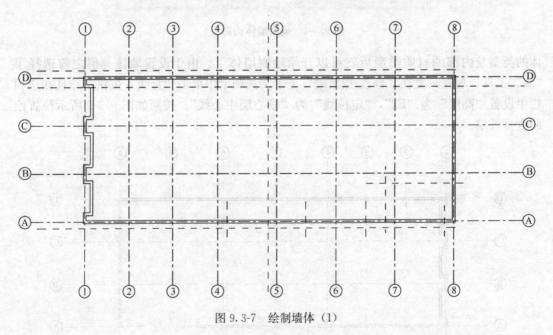

图9.3-7 绘制墙体（1）

继续绘制"学校食堂"项目女儿墙，在"建筑"选项卡下，选择墙工具，在属性面板中可看到当前选择类型为"学校食堂-240mm-外墙"，修改"底部限制条件"为"2F"，"底部偏移"为"0.0"，"顶部约束"为"未连接"，"无连接高度"为"1000"。

切换至2F平面视图中，按照如图9.3-8所示样式绘制学校食堂女儿墙。

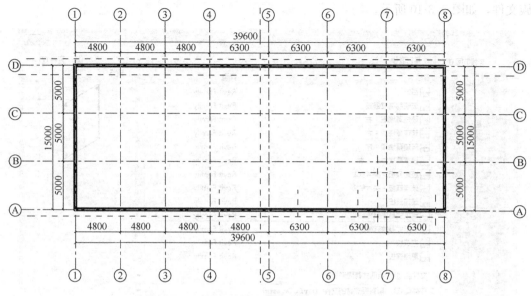

图 9.3-8　绘制墙体（2）

切换至三维视图，查看刚刚新创建的地下一层墙体和女儿墙。如图 9.3-9 所示。

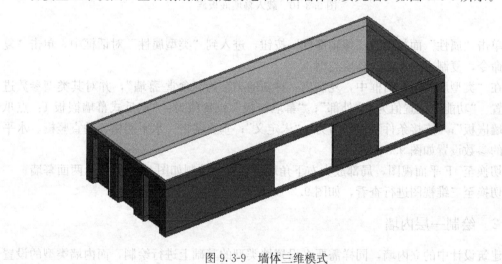

图 9.3-9　墙体三维模式

接下来在学校食堂的外墙上绘制幕墙。幕墙是建筑物的外墙维护，不承受主体结构荷载，像幕布一样挂上去，所以又称为悬挂墙。幕墙是一种外墙，附着到建筑结构，而且不承担建筑的楼板和屋顶荷载。

幕墙的绘制方法和基本墙相似，只是选择的墙体类型有所不同。当选择"墙"工具后，在属性面板的类型选择器中选择幕墙。

在属性面板中可看到当前选择类型为"幕墙"，修改"底部限制条件"为"1F"，"底部偏移"为"0.0"，"顶部约束"为"未连接 2F"，"顶部偏移"为"0.0"。

在功能区中切换至"插入"选型卡，单击"从库中载入"面板中的"载入族"按钮，选择 Revit 自带的"建筑"中"幕墙"的其他嵌板文件夹中的"点爪式幕墙嵌板 1.rfa"

族文件，如图 9.3-10 所示。

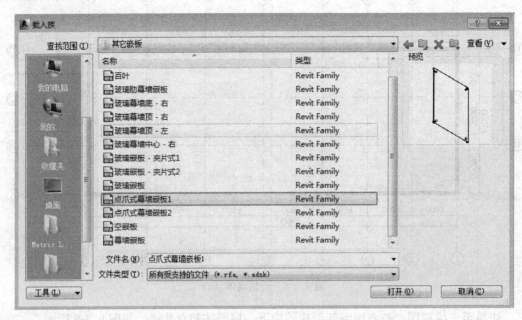

图 9.3-10　载入幕墙嵌板族

单击"属性"面板中的"编辑部件"按钮，进入到"类型属性"对话框中，单击"复制"命令，复制出一种新的幕墙类型。

在"类型属性"对话框中，复制出一种新的类型为"食堂-幕墙"，并对其类型参数进行设置。"功能"设置值为："外部"；"幕墙嵌板"设置值为："点爪式幕墙嵌板 1：点爪式幕墙嵌板"；"连接条件"设置值为："未定义"；垂直网格、水平网格、垂直竖梃、水平竖梃的参数设置如图 9.3-11 所示。

切换至 1F 平面视图，局部放大右下角墙体位置，绘制如图 9.3-12 所示两面幕墙。

切换至三维视图进行查看，如图 9.3-13 所示。

9.3.2　绘制一层内墙

建筑设计中的立内墙，同样需要在设置墙类型的基础上进行绘制，而内墙类型的设置方式，不仅与外墙相同，还能够在外墙类型的基础上进行修改。从而更加快速地进行内墙类型设置。

首先要了解内墙类型材质结构。而内墙的做法，从外到内依次为 20mm 厚抹灰、240mm 厚砖、20mm 厚抹灰。选择"建筑"选项卡下的"墙"工具，在"属性"面板中单击"编辑类型"选项，进入到"类型属性"对话框。

单击"结构"参数右侧的"编辑"按钮，进入到"编辑部件"对话框，按照如图 9.3-14 所示，对内墙的结构层、材质、厚度进行设置。

按照如图 9.3-15 所示位置对学校食堂内墙进行绘制。

切换至三维视图进行查看，如图 9.3-16 所示。

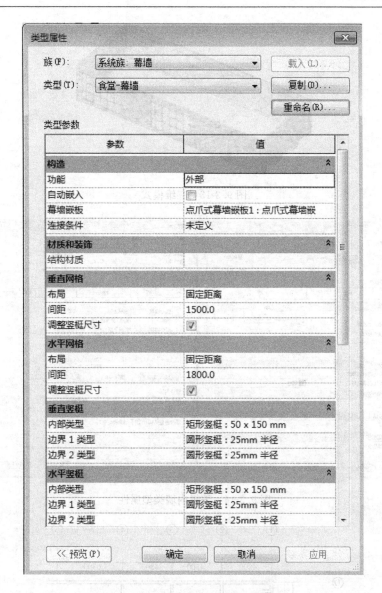

图 9.3-11　编辑幕墙类型属性

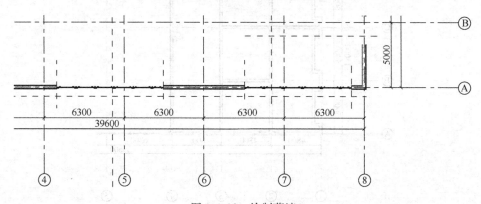

图 9.3-12　绘制幕墙

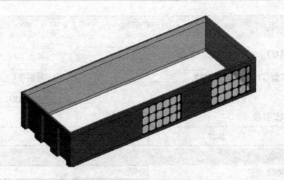

图 9.3-13　三维模式

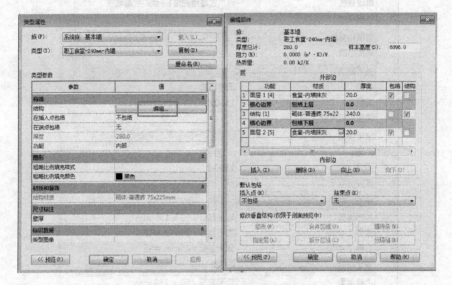

图 9.3-14　编辑内墙类型属性

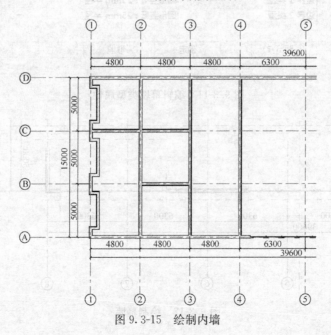

图 9.3-15　绘制内墙

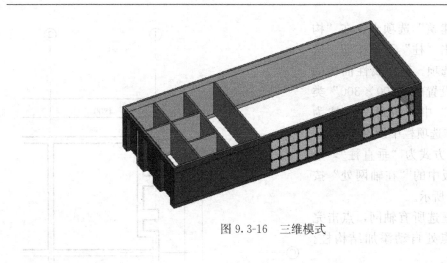

图 9.3-16　三维模式

9.4　柱和梁

9.4.1　柱的创建

Revit 将柱子分为两种：建筑柱与结构柱，建筑柱和结构柱的创建方法不尽相同，但编辑方法完全相同。

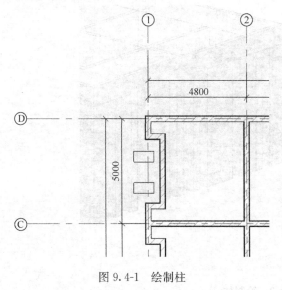

图 9.4-1　绘制柱

1. 建筑柱

建筑柱适用于墙垛等柱子类型，可以自动继承其连接到的墙体等其他构件，例如墙的复合层可以包络建筑柱。

切换至"建筑"选项卡，在"构建"面板中单击"柱"下拉按钮，选择"柱：建筑"选项。

设置"属性"面板的类型选择器中的类型为"500×1000"的矩形建筑柱，在凹陷的墙体左侧单击两次建立两个建筑柱。如图 9.4-1 所示。

选择"修改"面板中的"对齐"工具，在选项栏中启用"多重对齐"选项，设置"首选"为参照墙面。单击外墙外侧边缘后，依次单击柱左侧边缘使之对齐，如图 9.4-2 所示。

按照此方法，绘制 A-B、B-C 轴之间的建筑柱，如图 9.4-3 所示。

2. 结构柱

结构柱适用于钢筋混凝土柱等与墙体材质不同的柱子类型，是承载梁和板等构件的承载构件，在平面视图中结构柱截面与墙截面各自独立。

要创建结构柱，必须在当前项目中载入要使用的结构柱族。单击"打开"按钮，将其载入到项目文件中。

切换至"建筑"选项卡,在"构建"面板中单击"柱"下拉按钮,选择"结构柱"选项。确定属性面板的类型选择器中设置的"300×300"类型的"混凝土"中"矩形"的柱为"300×300"。在选项栏中设置"高度"为"F2",放置方式为"垂直柱",单击"多个"面板中的"在轴网处"按钮,如图9.4-4所示。

由右至左框选所有轴网,点击完成,在轴网交点处自动添加结构柱。如图9.4-5所示。

删除玻璃幕墙处的柱子,进入到三维视图进行查看。如图9.4-6所示。

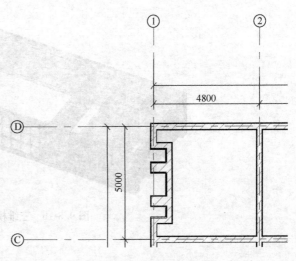

图9.4-2 柱与墙对齐

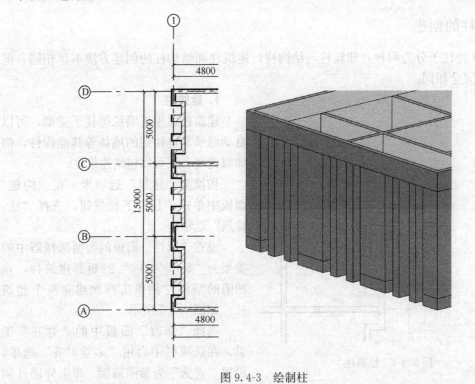

图9.4-3 绘制柱

图9.4-4 结构柱

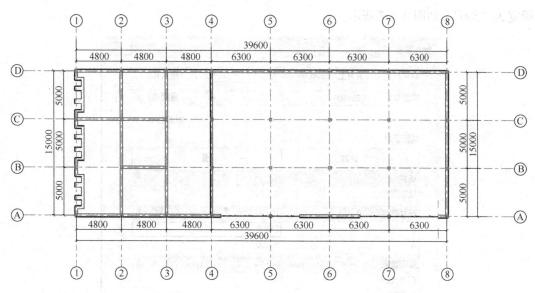

图 9.4-5　绘制结构柱

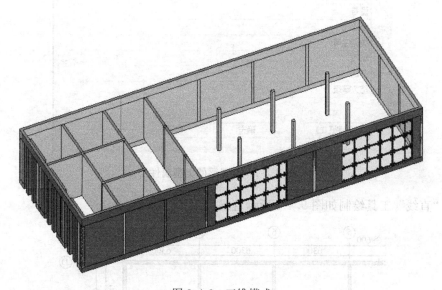

图 9.4-6　三维模式

9.4.2　梁的创建

梁适用于承重用途的结构图元。每个梁的图元是通过特定梁族的类型属性定义的。此外，还可以修改各种实例属性来定义梁的功能。

在 Revit 中，梁的绘制方法与墙非常相似。在 F2 的平面视图中，切换至"结构"面板中的"梁"按钮，在打开的上下文选项卡中，确定绘制方式为直线。设置选项栏中的"放置平面"为"标高：F2"，结构用途为"自动"。

在"属性"面板中，确定类型选择器选择的是"混凝土-矩形梁"，单击编辑类型按钮，进入到"类型属性"对话框。复制一个类型为"250×500"，并设置梁高为"500"，梁宽为"250"。如图 9.4-7 所示。

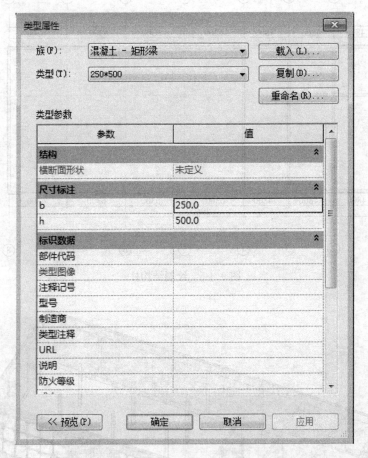

图 9.4-7 设置梁的类型属性

用"直线"工具绘制如图 9.4-8 所示直梁。

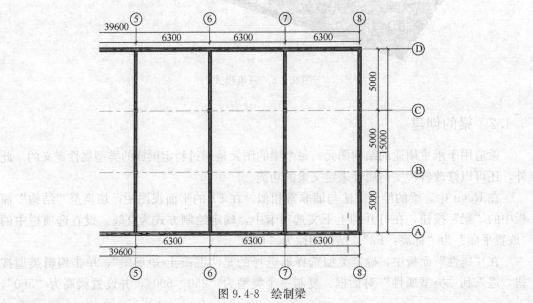

图 9.4-8 绘制梁

打开三维视图进行查看，如图 9.4-9 所示。

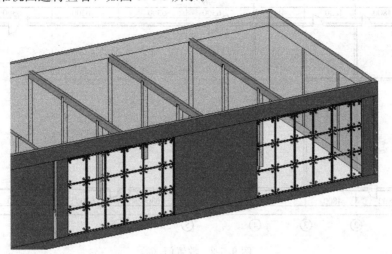

图 9.4-9 三维模式

9.5 门和窗

门窗主体为墙体，它们对墙具有依附关系，删除墙体，门窗也随之被删除。

9.5.1 插入门

在插入门之前要在族库中载入门族。依次插入"双扇平开连窗玻璃门 2.rfa"；"双扇地弹玻璃门 2-带亮窗.rfa"；"单扇平开木门 16.rfa"。

在 A 轴与 6 轴交点处放置"双扇平开连窗玻璃门 2.rfa"，并修改尺寸，高度为3000mm，宽度为 3300mm。如图 9.5-1 所示。

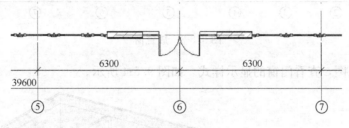

图 9.5-1 放置门（1）

依次绘制"单扇平开木门 16.rfa"，尺寸为 900mm×2100mm；"双扇地弹玻璃门 2-带亮窗.rfa"，尺寸为 1800mm×2100mm。如图 9.5-2 所示。

9.5.2 插入窗

载入外部族文件，"单扇六格窗.rfa"族文件，尺寸为 600mm×2900mm；"三扇六格窗.rfa"族文件，尺寸为 3900mm×2900mm。窗台底高度均为 900mm。如图 9.5-3 所示位置绘制。

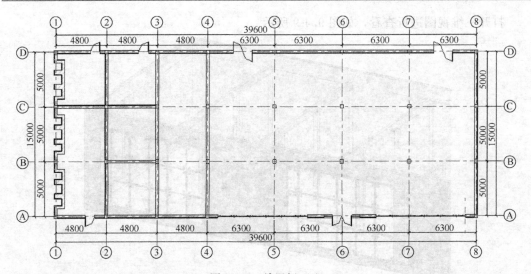

图 9.5-2　放置门（2）

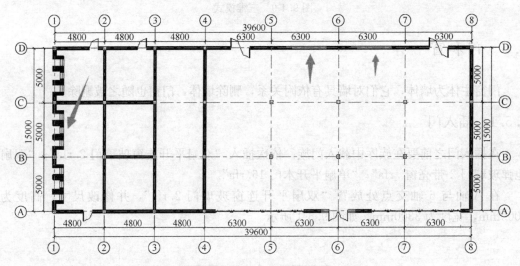

图 9.5-3　放置窗

打开三维视图，查看门窗的显示样式。如图 9.5-4 所示。

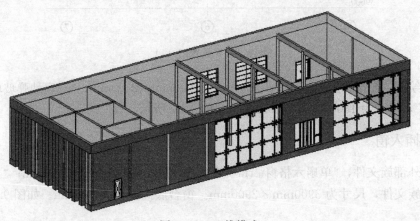

图 9.5-4　三维模式

9.6 楼板、天花板及屋顶

9.6.1 楼板

楼板是建筑设计中常用的建筑构件，用于分割建筑各层空间。

1. 室内楼板

在 1F 平面视图中，切换至"建筑"选项卡，单击"构建"面板中的"楼板"下拉按钮，选择"楼板：建筑"选项，打开上下文选项卡进行草图绘制模式。

在"属性"面板的类型选择器中选择"常规 150mm"打开"类型属性"对话框，并复制类型为："食堂-150mm-室内"。

单击"结构"参数右侧的"编辑"按钮，打开"编辑部件"对话框，对楼板的结构层及材质进行相应的编辑。如图 9.6-1 所示。

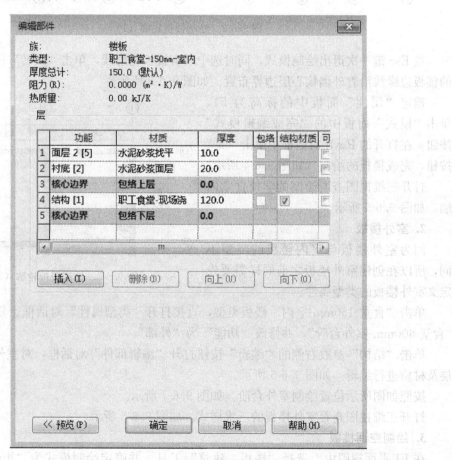

图 9.6-1 编辑楼板构造层

单击确定退出"类型属性"对话框后，开始绘制楼板轮廓线。并单击"绘制"面板中的"拾取墙"按钮，在选项栏中设置"偏移"为 0，并启用"延伸到墙中（至核心层）"选项，依次在墙图元上单击建立楼板轮廓线，如图 9.6-2 所示。

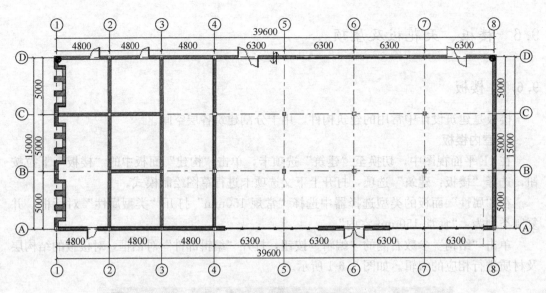

图 9.6-2　绘制楼板轮廓（1）

按 Esc 键一次退出绘制模式，同时选中所有楼板轮廓线，单击"反转"图标，将生成的楼板边缘线沿着外墙核心层边界布置。如图 9.6-3 所示。

确定"属性"面板中的标高为 F1，单击"模式"面板中的"完成编辑模式"按钮。在打开的 Revit 对话框中单击"是"按钮，完成楼板的绘制。如图 9.6-4 所示。

打开三维视图查看绘制的学校食堂内墙。如图 9.6-5 所示。

2. 室外楼板

因为室外楼板与室内楼板的类型不同，所以在创建室外楼板之前同样需要先定义室外楼板的类型属性。

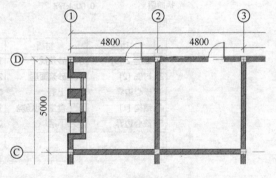

图 9.6-3　绘制楼板轮廓（2）

单击"食堂-150mm-室内"楼板类型，直接打开"类型属性"对话框。复制该类型为"食堂-600mm-室外台阶"，并修改"功能"为"外部"。

单击"结构"参数右侧的"编辑"按钮打开"编辑部件"对话框，对室外台阶的结构层及材质进行编辑。如图 9.6-6 所示。

按照如图所示位置绘制室外台阶。如图 9.6-7 所示。

打开三维视图查看室外楼板的三维样式。如图 9.6-8 所示。

3. 绘制空调挑板

在 F1 平面视图中，选择"楼板：建筑"工具，并确定绘制模式为"矩形"，在左侧参照平面之间墙绘制空调挑板的轮廓线。如图 9.6-9 所示。

在相应的"类型属性"对话框中，复制出一种新的类型"食堂-100mm-挑板"，打开"编辑部件"对话框，并设置核心层图层的厚度为 100mm。在"属性"面板中设置"自标高的高度偏移"为"−20"，单击"应用"按钮。如图 9.6-10 所示。

通过"镜像"工具，创建轴线 C 与 B，B 与 A 之间的空调挑板。如图 9.6-11 所示。

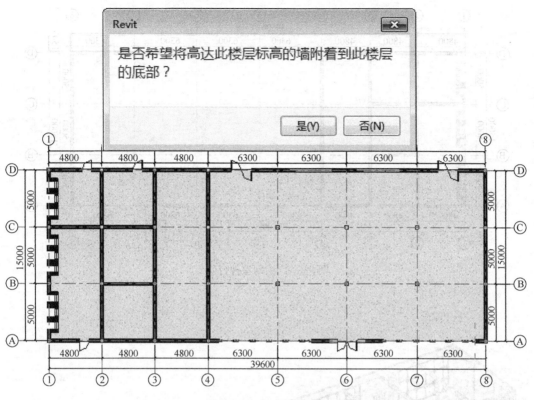

图 9.6-4　完成楼板绘制

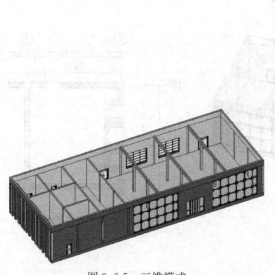

图 9.6-5　三维模式

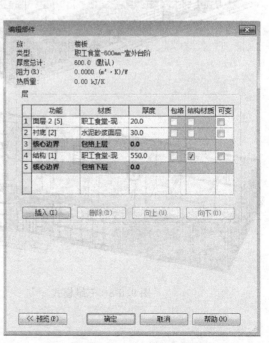

图 9.6-6　编辑楼板构造

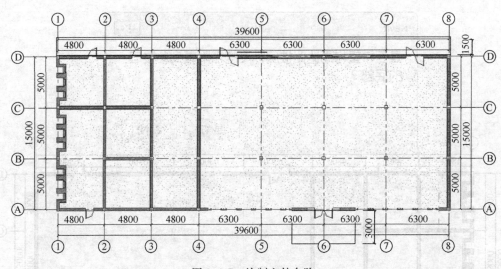

图 9.6-7 绘制室外台阶

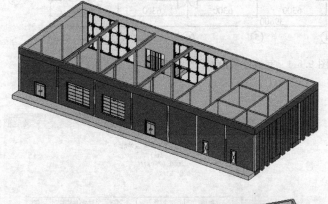

图 9.6-8 三维模式

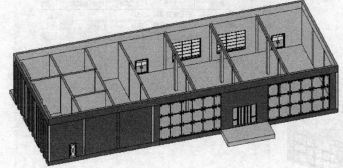

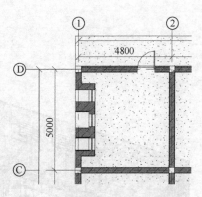

图 9.6-9 绘制空调挑板轮廓线

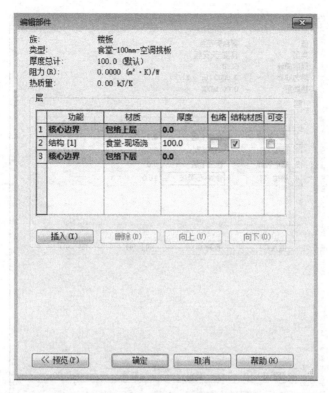

图 9.6-10 设置空调挑板构造

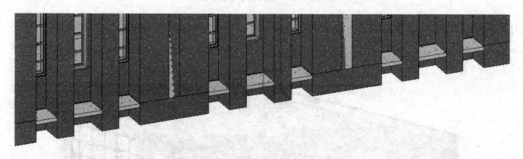

图 9.6-11 完成绘制空调挑板

9.6.2 天花板

在 Revit 中，创建天花板的过程与楼板相似，但 Revit 为"天花板"工具提供了更为智能的自动查找房间边界功能。

选择"天花板"工具后，在"属性"面板类型选择器中选择"复合天花板"族类型，并打开"类型属性"对话框复制新的类型："食堂-天花板"。

单击"结构"参数右侧的"编辑"按钮打开"编辑部件"对话框，对天花板的结构层及材质进行编辑。如图 9.6-12 所示。

在 F1 平面视图中，选择"天花板"工具后，在此上下文选项卡中选择"自动创建天花板"工具，在"属性"面板中，设置"自标高的高度偏移"为"5600"后，在墙体图元

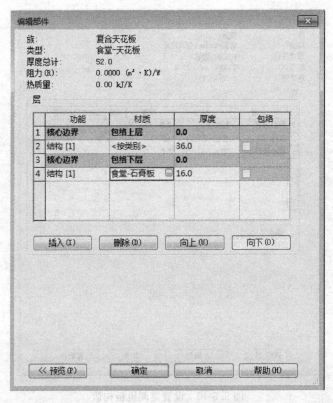

图 9.6-12　编辑天花板构造

中间单击，此时在距离标高 F1 的 5600mm 高度位置自动创建天花板。如图 9.6-13 所示。

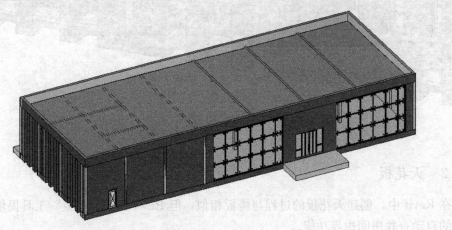

图 9.6-13　三维模式

9.6.3　屋顶

此案例讲述用"拉伸屋顶"工具创建该学校食堂的屋顶，该工具是用来创建有弧度的屋顶。

在 F2 平面视图中，选择"屋顶"工具组中的"拉伸屋顶"工具，如图所示：在打开的"工作平面"对话框中确认启用的是"拾取一个平面"选项。

单击确定按钮后，在 F2 平面视图中单击轴线 6 作为拉伸屋顶的工作平面，在打开的"转到视图"对话框中，选择"立面：东立面"视图，单击"打开视图"按钮后，打开"屋顶参照标高和偏移"对话框，选择"标高"为"2F"，设置"偏移"为"0.0"。

按照图 9.6-14 所示位置绘制轮廓线，单击"模式"面板中的"完成编辑模式"按钮，完成拉伸屋顶轮廓线绘制，切换至默认三维视图中，这时，拉伸屋顶没有完全覆盖住整个建筑，单击并拖拽屋顶侧方的三角形图标，使其拉伸屋顶覆盖整个建筑物。如图 9.6-14 所示。

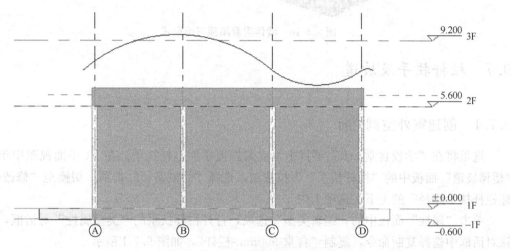

图 9.6-14 绘制拉伸屋顶轮廓

进入三维视图下，查看屋顶样式。如图 9.6-15 所示。

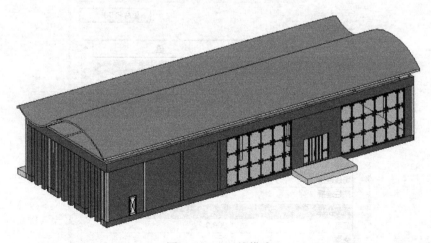

图 9.6-15 三维模式

此时，墙体没有完全和屋顶接上，按住 Ctrl 键选中二层墙体，在"修改墙"面板中单击"附着顶部或底部"，单击屋顶图元，此时墙体附着到屋顶底部。如图 9.6-16 所示。

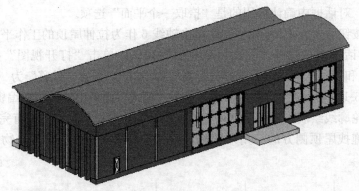

图 9.6-16 墙体附着屋顶三维模式

9.7 栏杆扶手及坡道

9.7.1 创建室外空调栏杆

这里将在"学校食堂.rft"项目中为空调挑板添加栏杆扶手。在 F1 平面视图中单击"楼梯坡道"面板中的"栏杆扶手"下拉按钮，选择"绘制路径"选项，切换至"修改-创建栏杆扶手路径"的上下文选项卡中。

单击"属性"面板中的"编辑类型"选项，打开栏杆扶手的"类型属性"对话框，在该对话框中选择复制命令，复制"食堂-900mm-栏杆"，如图 9.7-1 所示。

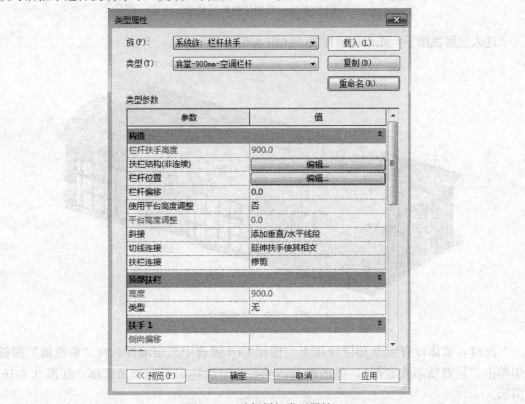

图 9.7-1 编辑栏杆类型属性

单击"扶栏结构（非连续）"参数右侧的"编辑"按钮，打开"编辑扶手（非连续）"对话框。在列表最下方复制"扶手5"为"扶手6"。并由下至上依次设置"高度"参数为"150"，"300"，"450"，"600"，"750"，"900"。以及"偏移"参数均为"0"，继续在对话框中设置扶栏1轮廓为"圆形扶手：40mm"，栏杆2至扶栏6轮廓均为"圆形扶手30mm"。材质均为："职工食堂-抛光不锈钢"。如图9.7-2所示。

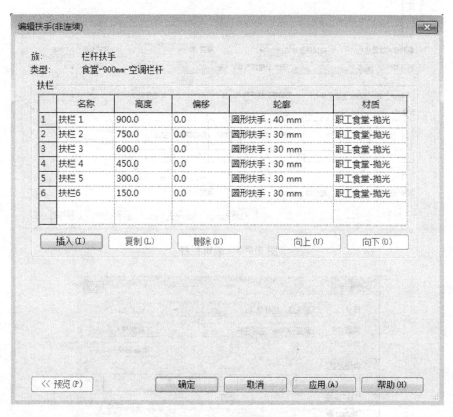

图 9.7-2　编辑扶栏

单击"确定"按钮返回"类型属性"对话框，单击"栏杆位置"右侧的"编辑"按钮，打开"编辑栏杆位置"对话框，设置所有"栏杆族"选项为"无"。单击"确定"按钮返回"类型属性"对话框，设置"栏杆偏移"参数为"0.0"，并依次设置"顶部扶栏"、"扶手1"与"扶手2"参数组中的"类型"均为"无"，如图9.7-3、图9.7-4所示。

单击"确定"按钮返回路径绘制状态，设置"属性"面板中的"底部偏移"选项为"－20"。启用"选项"面板中的"预览"选项，确定选项栏中的"偏移量"为"0"。放大左侧上方的空调挑板图元区域，在轴线1上依次捕捉拐弯儿墙体并单击绘制栏杆扶手，如图9.7-5所示。

单击"模式"面板中的"完成编辑模式"按钮后，选中该栏杆图元，复制至其他位置，如图9.7-6所示。

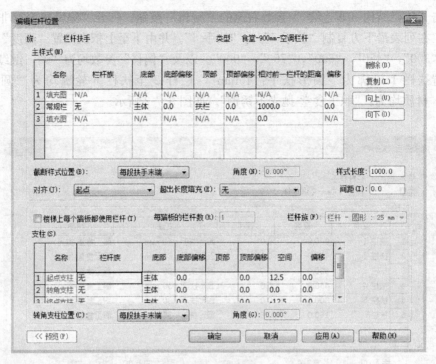

图 9.7-3 编辑栏杆

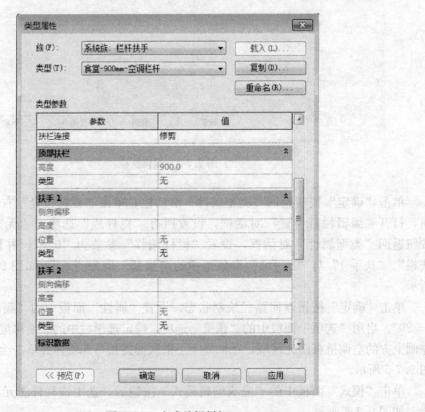

图 9.7-4 完成编辑栏杆

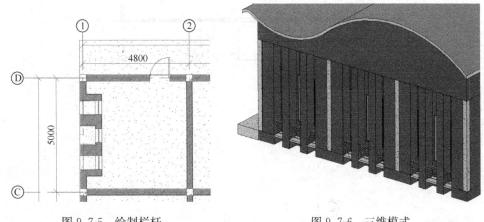

图 9.7-5　绘制栏杆　　　　　　　　　　图 9.7-6　三维模式

9.7.2　创建坡道

切换至"－1F"平面视图中，局部放大正门台阶区域，选择"楼梯坡道"面板中的"坡道"工具，进入"修改创建坡道草图"上下文选项卡中，打开坡道的"类型属性"对话框复制类型为"食堂-室外坡道"设置列表中的参数，在"属性"面板中，设置"顶部偏移"为"－20"，"宽度"为"2800"。

选择"工具"面板中的"栏杆扶手"工具，在"栏杆扶手"对话框中选择下拉列表中类型为"900mm 圆管"。如图 9.7-7 所示。

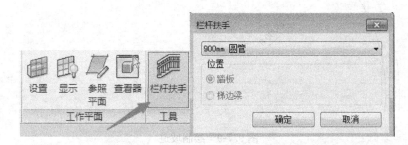

图 9.7-7　栏杆扶手

选择"参照平面"工具，在距离台阶外边缘上方 500mm 位置建立水平参照平面"p-1"，依次在台阶左侧边缘位置建立垂直参照平面"p-2"中在距离参照平面"p-1"下方 14000mm 位置建立参照平面"p-3"。如图 9.7-8 所示。

选择"绘制"面板中的"梯段"工具，并确定绘制方式为"圆心-端点弧"工具捕捉参照平面"P1"与"P3"的交点，单击作为绘制的圆心，并将光标向左上方移动，输入半径为 15000mm。如图 9.7-9 所示。

沿顺时针移动光标，显示完整坡道路径后单击完成坡道绘制，选择该坡道路径，选择"修改"面板中的"旋转"工具，按空格键重新定义旋转的中心点至参照平面"P1"与"P3"的交点，捕捉到坡道的末端旋转至台阶左侧边缘。

退出当前的选择后，单击"模式"面板中的"完成编辑模式"按钮，完成坡道的建立。选择该坡道图元使用"镜像"的方法。复制一份至台阶的右侧。如图 9.7-10 所示。

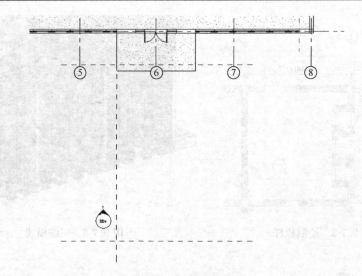

图 9.7-8 绘制参照平面

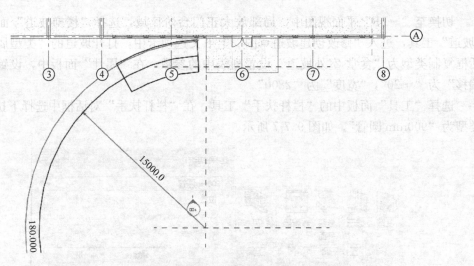

图 9.7-9 绘制坡道

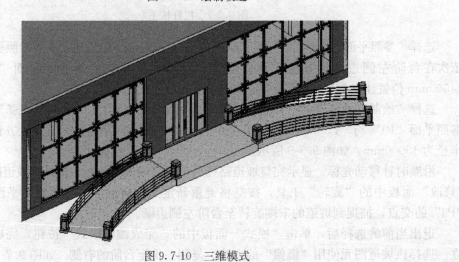

图 9.7-10 三维模式

9.8 其他构件

9.8.1 室外台阶

采用主体放样构件的方式创建室外台阶，关键操作是创建并指定合适的轮廓族。

单击"应用程序菜单"按钮，选择"新建"中"族"选项，打开"新族-选择样板文件"对话框，选择"公制轮廓.rfa"族样板文件。单击"打开"按钮，进入到族编辑器模式。

单击"详图"面板中的"直线"按钮，切换至"修改-放置线"的上下文选项卡中。绘制如下图所示的4级室外台阶轮廓。并保存着文件为"4级室外台阶轮廓.rfa"。如图9.8-1所示。

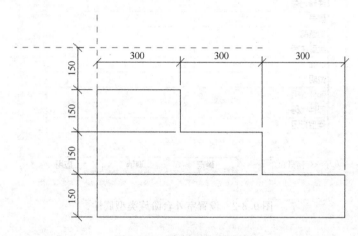

图 9.8-1　绘制室外台阶族

单击"族编辑器"面板中的"载入到项目中"按钮，将刚刚创建的族轮廓文件载入到已经打开的项目文件中，并切换至该项目文件中。选择"楼板-楼板边"工具，打开"类型属性"对话框，复制类型为"食堂－4级室外台阶"，设置"轮廓"参数为"4级室外台阶轮廓中4级室外台阶轮廓"中"材质"参数为"食堂现浇混凝土"，单击"确定"关闭对话框。如图9.8-2所示。

切换至三维视图将光标指向正门楼板上边缘并单击，按指定的轮廓形成新的楼板边缘，作为室外台阶的踏步。如图9.8-3所示。

9.8.2 放置室内配件

Revit系统中配置了绝大多数的特殊配件，其中为建筑项目提供了13个分类。这里使用家具和橱柜族文件为食堂添加餐桌。

在"插入"选项卡中单击"从库中载入"面板中的"载入族"按钮，打开"载入族"对话框，在该对话框中依次将"建筑-家具-3D-桌椅"组合文件夹中的"餐桌带长椅"族文件载入到项目中。

打开"F1"平面视图，选择"构建"面板中的"放置构件"工具，确定"属性"面

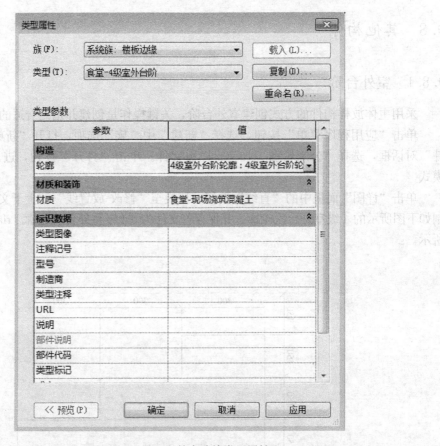

图 9.8-2　设置室外台阶族类型属性

图 9.8-3　三维模式

板类型选择器为"餐桌带长椅",按照如图 9.8-4 所示位置放置餐桌。

完成餐桌的放置后,切换至默认三维视图中。启用"属性"面板中的"剖面框"选项,隐藏项目的上部区域,显示内部的餐桌效果。如图 9.8-5 所示。

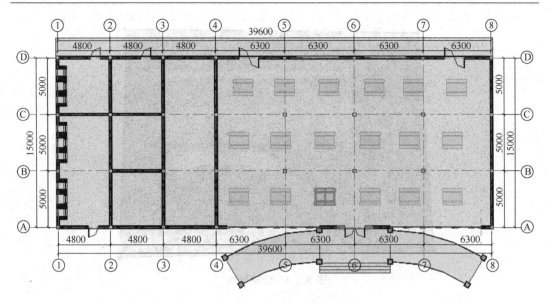

图 9.8-4　放置室内配件

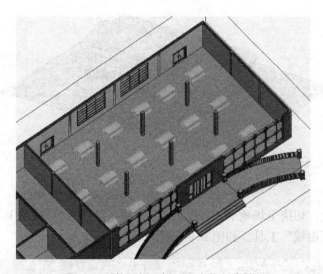

图 9.8-5　使用剖面框显示内部餐桌效果

9.9　场地与场地构件

在场地平面视图中，切换至"体量和场地"选项卡，单击"场地建模"面板中的"地形表面"按钮，进入到编辑表面上下文选项卡中，选择"工具"面板中的"放置点"工具，选项栏中的"高程"设置为"－600"。

在绘图区域，单击四个点，形成一个四边形表面。如图 9.9-1 所示。单击"完成表面"按钮。

切换至三维视图，选中刚刚创建的地形表面，在"属性"面板中，给定材质为"石材"。

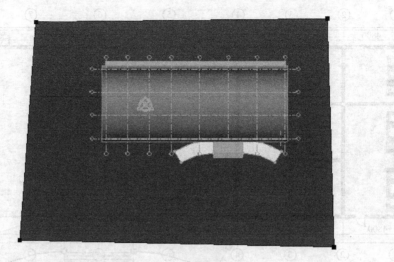

图 9.9-1 绘制场地

切换至三维视图查看。如图 9.9-2 所示。

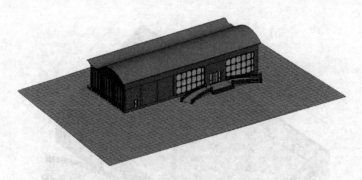

图 9.9-2 设置场地材质

创建场地绿化，切换至场地平面视图中，在"体量和场地"选项卡下的"修改场地"面板中，选择"子面域"工具。如图 9.9-3 所示。

图 9.9-3 场地添加子面域

进入到"修改创建子面域边界"的上下文选项卡中，在"属性"面板中给定材质为"草地"。

按照如图 9.9-4 所示，绘制子面域的轮廓线。

单击完成编辑模式，完成轮廓线的编辑。切换至三维视图进行查看。如图 9.9-5 所示。

在三维视图中，切换至"体量和场地"选项卡，在"场地建模"面板中，单击选择

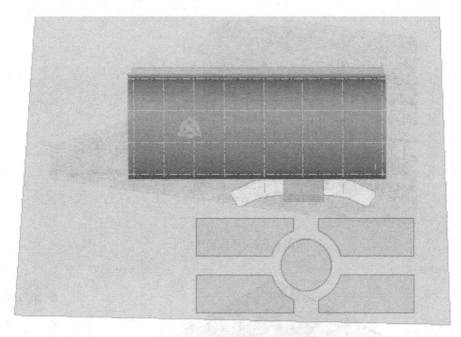

图 9.9-4 绘制子面域轮廓线

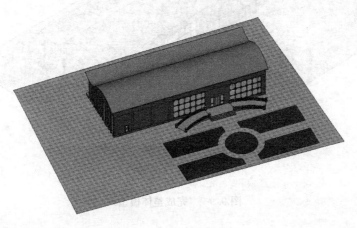

图 9.9-5 完成轮廓编辑

"场地构件",切换到"修改-场地构件"上下文选项卡中,在属性面板中,选择"RPC 树-落叶树-鸡爪枫-3.0m"在草地上单击添加。

通过载入族的方式载入人物,单击"从库中载入"面板中的"载入族"工具,进入载入族的对话框中,依次打开"建筑-配景"文件夹,选择"女性",单击"打开"命令载入到项目中。

切换至"体量和场地"选项卡,在"场地建模"面板中,单击选择"场地构件",切换到"修改-场地构件"上下文选项卡中,在属性面板中,选择"RPC 女性 Lisa"在场地上单击添加。如图 9.9-6、图 9.9-7 所示。

图 9.9-6　添加场地构件

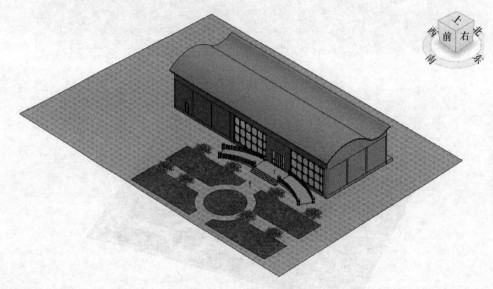

图 9.9-7　完成整体模型

参 考 文 献

［1］ 廖小烽，王君峰. Revit 2013/2014 建筑设计火星课堂［M］. 北京：人民邮电出版社，2013.

［2］ 王君峰等. AUTODESK REVIT 土建应用之入门篇［M］. 北京：中国水利水电出版社，2013.

［3］ 李清清等. 基于 BIM 的 Revit 建筑与结构设计案例实战［M］. 北京：清华大学出版社，2017.

［4］ 夏彬. Revit 全过程建筑设计师［M］. 北京：清华大学出版社，2016.

［5］ 平经纬. Revit 族设计手册［M］. 北京：机械工业出版社，2016.

参 考 文 献

[1] 李云贵，何关培. 2014. 2014 建筑业信息化发展报告[M]. 北京：人民交通出版社，2014.

[2] 王君峰，AUTODESK. REVIT 建筑设计之九[M]. 北京：机械工业出版社，2015.

[3] 何关培. 基于 BIM 的 Revit 机电设计应用知识管理研究[M]. 北京：机械工业出版社，2012.

[4] 何关培. Revit 在建筑设计中的应用[M]. 北京：北京大学出版社，2014.

[5] 柳娟. Revit 2016 设计应用[M]. 北京：清华大学出版社，2016.